U0079521

大樂文化

大樂文化

業務成王術

Becoming the Greatest Salesperson

百億超業 CEO 用親身經驗，
教你 4 步提問、7 個心法、6 招帶人！

張強◎著

Chapter 1

勤奮不等於瞎忙，超業擅長掌握客戶、時間與槓桿

Contents

Chapter 3

會帶團隊賺更多！超業CEO傳授6招帶人訣竅 133

Chapter 4

從10人到1000人，用制度帶出冠軍業務團隊

推薦序1

頂級超業CEO教你，冠軍的訓練心法與技巧

超越巔峯企管顧問有限公司CEO
亞洲華人提問式銷售權威 林裕峯

這是一本視角獨特的書，不但解說如何增強業務銷售能力，還談論怎麼提升領導能力。本書總結了作者張強長達十幾年，在不同公司的銷售與管理經驗，揭曉金牌業務的心路歷程和進化之道，教你四步提問、七個心法、六招帶人。

書中介紹四步驟提問法，幫助業務員開發有效客戶並達成目標。在與客戶溝通的過程中，你向對方提出的問題越多，你得到關於對方的有效資訊就越充分，最終銷售成功的機率也就越大。因此，業務員在與客戶交流時一定要切記：如果你能夠「問」，就千萬不要總是「說」。

透過提問，你能挖掘客戶的深層需求，把銷售關注點轉移到客戶的痛點上，基於對方的需求和痛點提供解決方案。由此可見，業務員不僅要清楚產品的賣點，更要了解客戶的買點，知道對方願意為什麼而買單，然後設身處地為客戶著想，強調產品和服務能帶來什麼價值、什麼好處。

熱情是開啟銷售之門的金鑰匙，每個客戶都喜歡富有熱情的業務員。作者傳授心法時提到，當一個人熱愛自己的工作，會激發出無限的精力和動力。成功從來沒有捷徑，必須投入全部的熱情才能夠換得。這是企業家稻盛和夫成功的秘訣，也是每個銷售冠軍成功的秘訣。

即便科學界也是如此。愛迪生幾乎每天都在實驗室工作十八個小時以上，卻一點也不覺得辛苦。「我一生中從沒有因為工作而苦惱」，他宣稱：「我每天都其樂無窮。」他這樣充滿熱情，怪不得會成功。

在帶人與管理的章節中，作者把自己的超業思維複製到團隊，帶領員工不斷成長增值。他認為業務主管應發掘每個成員的動力來源，適當授權員工參與決策。書中將新手管理者可能遇到的工作挑戰，描繪得生動真切，同時提出邏輯清清晰、切實可行的解決方案，能夠作為眾多新手管理者的工作指引。

很榮幸受邀為本書寫序，說起業務銷售領域，我已專注二十年，在海內外出版十本暢銷書，曾在沒有任何資源的情況下，一年內在三家公司從零打造萬人團隊，被各大媒體和報章雜誌譽為亞洲華人提問式銷售權威。我的經歷與作者張強有共同特點，因此很了解從業務員到領導者的格局變化和心理蛻變。

很高興作者分享自身豐富的經驗，將他從小業務躋身集團CEO的頂級超業訓練心法公諸同好，為從事業務銷售的人提供實實在在的指引。相信這可以縮短你與成功之間的距離，幫你穩健地創造出卓越的業績與領導力。本書適用於任何階段的銷售，無論你是新手還是管理者，讀完之後都會有脫胎換骨的改變。

對於每個想要取得更大成就的個人或組織，我都推薦這本絕對不容錯過的好書。

推薦序2

回甘的業務人生，揭露成功之道

NU PASTA總經理
職場作家 吳家德

我很喜歡閱讀關於業務與銷售的書籍，因為看這些書會讓我激發業務魂，重新回味當年充滿鬥志、不服輸的自己。那是一種光榮的回憶，也是正向的印記。當我看《業務成王術》這本好書時，那種好的感覺全部回來了，可見我與作者的共鳴感極高，都擁有美好的業務人生。

我很鼓勵年輕人做業務，因為趁早看透職場百態，面對挫折失敗，就能越早發現自己的天賦，邁向更好的境地。

回憶二十多年前，我剛開始做業務時，因為沒有任何人脈與資源，必須到街上發DM，發著發著就發出了心得。我領悟出發DM的八字箴言：「遇人則發，見箱即插」，這是一種勤勞的展現，也是比別人認真的態度。這段阿甘式的業務生涯，與作者傳遞的勤奮業務精神不謀而合。

過幾年之後，當我的熟客數量逐漸累積，可拜訪的潛在客戶數量也越來越多時，我越發體會時間管理的重要。我依然勤勞，但不瞎忙，開始善用電話與客戶溝通約訪。在這段更成熟的業務時光，我的業績快速成長，而且老客戶不斷介紹新客戶給我，奠定我成為頂尖業務的關鍵。

業務做得好，就有機會被公司拔擢為業務主管。擔任明星業務容易，成為明星團隊的主管較難。此時，必須有真功夫教導業務，也要有更寬闊的胸襟與更高的領導思維帶兵遣將，才能夠成功。

在這段擔任業務主管的歲月裡，我持續閱讀關於領導與帶人的好書，幫助自己在管理上更加得心應手。很幸運地，我的子弟兵驍勇善戰，讓業務團隊獲獎無數。

現在我想要告訴你，這本書充滿如何「做業務」與「當主管」的菁華訣竅，趕緊翻閱吧！

前言

我如何從職場新人，成為業務鐵軍締造者？

無論是大企業或中小企業，經營的核心環節都是業務銷售，唯有做好業務銷售，才能保證生產活動順利推進，也才能持續獲取利潤，使企業維持長久的發展。所以，對企業來說，做好銷售管理至關重要，而且對業務團隊主管來說，打造一支高效協作、充滿鬥志的隊伍，不僅是他們對企業的最大貢獻，也是個人專業的展現。

但是，管理業務團隊並非簡單的事。相關調查顯示，企業八〇%的問題都源自於業務銷售，而這其中八〇%的問題源自於業務團隊的管理。由於業務團隊的人數往往遠高於其他部門，在管理上比較困難，再加上市場競爭加劇，因此業務團隊不夠專業的問題會日益凸顯。如何解決這些問題，已是業務主管迫切尋求的答案。

管理業務團隊雖然困難，但不是完全無法做到。我在二〇〇六年進入阿里巴巴，一開始業績很糟糕，不過我沒有放棄，反而不斷努力，終於成為阿里鐵軍的頂尖業務與業務團隊主管。後來，我陸續在美團網、去哪兒網、旅悅集團歷練，並在擔任旅悅集團CEO的期間，帶領員工取得全球簽約兩千家、開業一千家飯店的成績。

在本書中，我結合自己的成長經歷，總結出業務工作與銷售管理的根本邏輯和具體方法，為讀者解開「如何成為頂尖業務、率領業務團隊」的難題。

對於管理業務團隊，我最深刻的感悟是：當成員人數少，只要夠勤奮、肯付出，就能讓團隊有所成長；當成員人數越來越多，越需要制定明確的制度、帶人帶心，激發大家的潛能，才能實現團隊目標。

回顧我剛從頂尖業務晉升為業務主管時，以為只要不斷幫助部屬談案子、衝業績，就能帶好團隊。事實上，當成員只有個位數或三十人以下，你的確只需要用自己的能力、經驗及資源，協助他們拿下更多更大的案子，團隊業績就會越來越好，大家也越來越願意追隨你，但是你會做得很累，得不到太大成就感，甚至覺得做個頂尖業務還比較快樂。

後來，我陸續帶領三十人以上、一百人以上、甚至上千人的團隊，發現不論主管或領導者的能力多麼扎實、經驗多麼豐富、資源多麼強大，都不可能憑藉一己之力完成團隊目標。對團隊領導者來說，必須發掘成員的工作動力來源，讓每個人在工作中感到開心，獲得有意義的發展，才是最大的成就感。

本書與其他業務類書籍最明顯的不同之處在於，富含個人成長故事、經驗反思，並歸納出值得借鑑的業務技巧與管理策略。

無論是剛入行的業務新人、晉升為業務主管的職場骨幹，或是帶領上百人、上千人團隊的業務領導者，甚至是懷抱夢想準備踏上創業之路的業務高手，都可以從本書汲取需要的養分，為自己往後的道路點上一盞明燈。

在天才和勤奮之間，我毫不遲疑地選擇勤奮，
它幾乎是世界上一切成就的催生婆。

——愛因斯坦

Chapter

1

勤奮不等於瞎忙，超業擅長掌握客戶、時間與槓桿

不想被市場淘汰，業務的思考與行動都要勤奮

我在二〇〇六年加入阿里巴巴，一開始業績非常不理想，對未來感到相當迷茫。幸好，那時候我沒有考慮要放棄，而是一路堅持下去，到了二〇〇七年就成功躋身阿里鐵軍的頂尖業務。若要總結這段經歷，為業績的突飛猛進歸納出一個原因，我認為只有一個答案比較合適，那就是勤奮。

我向來不覺得自己比別人聰明，只是起跑快，每天早上七點就開始拜訪客戶，直到晚上八、九點才回公司。即使因此磨掉鞋底、穿破襪子，也沒有讓我產生撒手不幹的念頭。因此我相信，從平凡小業務成長為頂尖業務員的途徑，只有一條勤奮之路。

「不可能」只是懶惰的托詞

回想我的第一個客戶，起初他對合作提案沒有興趣，但是我當時心想，既然手上沒有其他有意願的客戶，不如就專門「盯」他一個人，於是每天跟著他，希望他能與我合作。

一開始，他十分抗拒我的窮追不捨，甚至還要求廠區的保全人員，將我擋在門外。當下我十分氣餒，不過一想到自己已付出的努力，就決心要把他簽下來。既然保全不讓我進門，我翻牆過去找他。

或許我的堅持打動了對方，最後他抱著姑且一試的態度，答應與我簽約。但是，後來正式簽約時，客戶的太座表示不同意，兩人甚至為此動起手來。

當下我連忙起身勸架，結果雙方的拳頭都落在我的身上。看到客戶因為簽約而鬧出這麼大的家庭革命，我原本打算就此作罷，千萬也沒想到，這時候反倒是對方堅持要與我簽約。

這就是我在阿里鐵軍拿到的第一份合約。至今我都非常感謝那位客戶，也感謝那時候拚命的自己。如果我當時在任何一個時刻放棄，也許再也沒有後來的故事，更沒有今天能夠執掌旅悅的我。

還有一次，我拜訪一家工廠，那裡飼養很多鵝。不幸地，其中一隻大鵝跟在我後面緊追不捨，最後還狠狠地咬了我的屁股，以至於我現在對鵝還是心有餘悸，一看到就馬上躲得遠遠的。

正是這些不堪回首的經歷，讓我往後無論遇到多麼艱辛的挑戰，都能扛得住。成功沒有捷徑，更不是一蹴可幾，一下子就直達巔峰。想要成為頂尖業務，只能每一天踏實地累積實力，用勤奮冶煉自己的潛能。

你要為自己設立高目標，並全心投入其中。起初你可能覺得目標高不可攀、難以實現，但只要你傾力奮鬥，沉睡在身上的巨大潛能一定會迸發出來。

付出不亞於任何人的努力

日本企業家稻盛和夫，在他的著作《生存之道》中歸納出六種精進方法，其中一項提到「付出不亞於任何人的努力」。他說：「這一點是一切的基礎。一個無法兢兢業業、勤奮進取、不落人後的人，沒有資格談論人生和命運這個話題。」

稻盛和夫用他的人生實踐這一句話。

在創業之前，稻盛和夫對企業經營一竅不通，卻還是開辦工廠。當時，雖然員工只有二十八人，他仍然向眾人宣布：「我們大家一起努力，把工廠打造成原町首屈一指的企業。」

稻盛和夫深知，如果不努力，公司的經營很快就會出問題，所以他每天都拚命努力工作。後來，他的目標從原町第一、西京第一、中京區第一、京都市第一、日本第一，一直擴大到世界第一。

對於「世界第一」的目標，稻盛和夫並非只是喊喊口號，而是朝著這個目標努力，時常問自己：**如果要成為世界第一，我該如何做好眼前的每一項工作**。

在努力的過程中，稻盛和夫明白：「即便你說自己在努力工作，但若這個『努力』的標準是自己制定的，若這個『努力』只是自己與自己比較的結果，這樣是不夠的。如果不更加認真、更加拚命地努力工作，那麼你經營的企業也好，你自己的人生也好，都無法如願發展。」

在這個基礎上，稻盛和夫進一步問自己和所有員工：「你是否付出不亞於任何人的努力」、「你的工作熱情是否不輸給任何人」。

稻盛和夫的成功與勤奮密不可分。他從一文不名的年輕人，成為世界五百強企業的締造者，如果沒有勤奮的加持，就沒有後來的財富、地位及成就。

對業務工作來說，勤奮也是必備的首要素質。業績是一步一腳印跑出來的，更是一字一句聊出來的。任何邁不出腿、張不開口的業務員，都不可能取得優秀的業績。所以，一旦你選擇業務這個職業，就要付出不亞於任何人的努力。

沒有什麼會比日復一日的勤奮、努力更具說服力。你每一天都要比昨天更努力一點，比別人多打一個電話、多拜訪一個客戶、提前做好拜訪準備、多讀一些書、多累積一點經驗，讓勤奮成為你的習慣，融入血液和意識當中。累積到一定的程度，你所有的「多做一點」就會帶來改變。

不僅要手腳勤，更要思想勤

美國作家奧格・曼狄諾在《世界上最偉大的推銷員》一書中寫道：「我打算告訴你一個秘密。你的管理者知道這個秘密，那些事業成功的人也知道這個秘密。那就是，你只要比一般人稍微努力一點，你就會成功。」

你要手腳勤快，抓緊一切時間去跑客戶。當你的同事吃喝玩樂，你在跑業務；當你的同事酣酣入睡，你在整理當天的工作感悟；當你的同事因為簽到一張小單而沾沾自喜，你在追求更高的業績。

總之，你要記住：只要比別人多努力一點，最後收穫的果實就會更豐碩。

除了手腳勤快，思想也必須勤快。這意思是，不要放任懈怠、放棄的念頭孳生蔓延。我見過不少同業即便每天都跑業務，但是從他疲憊的眼神和散漫的精神，就能看出他已開始放棄。

當一個人開始生出懈怠的想法，這種懈怠很快就會從精神層面蔓延到行為層面，以至於做事變得懶散拖遝，直至最終全然放棄。

若要思想不懈怠，必須維持激情和夢想，每天都用熱忱相信「憑藉自己的力量，終究能成為頂尖業務」。要讓這股激情和夢想成為一種精神力量，激勵自己持續不斷努力。

思想勤快除了是要避免懈怠的想法，也是要懂得運用策略和方法，高效地開發客戶，快速地實現成交。如果將業務工作比喻為掃地，過去用掃帚，現在用吸塵器，後者比前者更有效率，能達到事半功倍的效果。這就是思想上的勤快，如果你能多動腦筋，就會收穫得更快更多。

從平凡業務到頂尖業務只有一條路，就是勤奮之路，這條路上有九，九九九級台階。走好第一級，就能走上第二級；走上第二級，就能看見第三級；走好前面的十級，就能看見後面的一百級。

常言道「一分耕耘，一分收穫」，但我認為在堅持夢想的道路上，更好的心態應該是「只問耕耘，不問收穫」。即使一時看不到頂點，只要專注每一個當下，頂尖業務的冠冕終究會向你招手。

客戶數量冷清清，業績的基礎不可能穩固！

在成為頂尖業務的路上，勤奮首先展現在客戶數量的累積。為了持續不斷突破業績，我經常用一個公式激勵自己：**最終業績＝客戶數量╳專業水準╳客戶品質╳服務水準**。

「專業水準」是指業務員的個人素質和工作資質，「客戶品質」是指真正能成交的客戶數量和客戶級別，而「服務水準」則是指業務員個人能力和工作態度的展現。

在這個乘法公式中，大多數情況下，各個項目之間的正關聯性比較強。比如說，若一個業務員的客戶數量為零，我們很難認為他的專業水準高，更不用提客戶品質和服務水準。相反地，若一個業務員的專業水準很高，客戶數量不可能太少。

而且，客戶數量以外的其他三個項目，都與業務員從經驗累積起來的個人能力有關，只有客戶數量可以藉由個人的努力和幹勁來改變。

由此可見，即使你的專業水準不強，擁有的客戶品質較弱，服務水準一般，但只要你付出不亞於任何人的努力，多拜訪客戶，不斷擴大客戶數量，你將發現自己的專業水準、客戶品質、服務水準也會不斷提高，最終讓銷售業績突飛猛進。

這其實不難理解。你的客戶數量越多，顯示你的拜訪次數越多，業務經驗越豐富。隨著經驗累積，你的專業水準自然會不斷提升，隨之而來的是客戶品質提高。高品質的客戶需要高水準的服務，逐漸地，你的服務水準也會提高。最終，這些方面的提升讓你的銷售業績倍增成長。

客戶數量決定你的最終業績

相對於專業水準、客戶品質、服務水準，客戶數量對銷售業績的影響更大。

舉個簡單例子，如果你每天只拜訪一名客戶，一個月只有三十名客戶，假設這三十名客戶的品質都很高，成交率為一〇〇%，那麼一個月能成交三十名客戶。另一方面，如果你每天都很勤奮，可以拜訪三十名客戶，一個月就有九百名客戶，假設這九百名客戶的品質都不高，成交率只有一〇%，那麼一個月仍然能成交九十名客戶。

在現實中，成交率為一〇%的情況非常普遍，成交率為一〇〇%的情況幾乎不存在。所以，若你每天的拜訪量不夠，業績怎麼會好呢？

日本傳奇業務員原一平，在日本保險業創下連續十五年全國業績第一的紀錄。他的成功秘笈向來為人津津樂道。很多人都覺得原一平很有天賦，但他認為業績是靠著一點一滴的汗水累積起來。

原一平平均每個月用掉一千一百張名片，每天固定拜訪十五名準客戶，沒拜訪完畢絕不作罷。有時候受訪者不在，原一平堅持晚餐後再去拜訪，因此常常晚上一點多才回家休息。五十年來，原一平已經累積兩萬八千名準客戶，這是他成為傳奇業務員的最大資本。

原一平深深知道客戶數量對銷售業績的重要性，所以總是付出比常人更多的努力去拜訪客戶，擴大客戶數量，最終創造出令人咋舌的亮眼成績。

手上有一千個客戶資源或是一百個客戶資源，兩者的差異絕對不只是數字而已。

專業水準、客戶品質及服務水準固然很重要，但是這些因素要發揮作用，必須有客戶數量作為前提和基礎，因此盡可能擴大客戶數量才是王道。

業績優異的業務員之所以能持續成交，是因為他們擁有足夠龐大的客戶資源。業績平平的業務員手上的客戶往往寥寥無幾，有的人懶得開發客戶或是常常半途而廢，有的人則是沒有掌握開發客戶的要領。

業務員想要解決客戶資源少的問題，可以採取以下方法。

方法1：樹立正向心態，設定拜訪目標

不少業務員會把客戶數量少歸咎於外在因素，例如：沒有分到好區域、天氣太惡劣、客戶不給機會等等，而且自怨自艾，抱怨客戶難找。他們面對失敗時怕麻煩、找藉口，遇到困難時情緒低沉、態度消極，他們從不反省自己找原因，還抱怨諸事不公平。如果抱著這樣的心態去開發客戶，很難取得成功。

想要擴大客戶數量，必須樹立正向積極的心態，告別消極和懶惰，思維和腿腳都

要勤快，不能怕麻煩。不能抱著「三天打漁兩天曬網」的態度，而要腳踏實地，每天盡可能多拜訪客戶。

你可以為自己制定一個目標，例如：一天要拜訪A個陌生客戶、新增B個準客戶，一個月要達到C次拜訪量。這些目標既要帶有挑戰性，又要符合實際、可藉由努力實現。

將這些目標貼在明顯可見的地方，像是洗手間的鏡子、辦公室的桌上。同時，**你要堅持今日事今日畢，不要將今天的任務留到明天再做。每天拜訪結束後，要確認當天的目標完成度，並做好記錄。**當數量累積到一定程度，就會發生質變，產生巨大的效果。

方法2：了解目標客戶，嘗試多元開發管道

開發客戶並不是漫無目的地在大街上碰運氣，這猶如大海撈針，很難取得成效。有計畫、有方法地拜訪，才能事半功倍。

首先，要尋找客戶群。畫分目標客戶範圍，了解他們大多在哪些區域，然後集中精力去拜訪。舉例來說，在阿里鐵軍時，目標客戶是從事貿易的企業，往往聚集在城市的工業園區。鎖定區域後，就可以按照計畫到園區內挨家挨戶拜訪企業。

其次，盡可能尋找開發新客戶的管道。一般來說，有以下幾種：

- 由同事介紹，這種方法比較可靠，而且客戶對你的信任度比較高。
- 打電話，頂尖業務手上六〇%的客戶資源都是這樣開發出來。
- 透過廣告、網頁，尋找客戶資源。
- 參加展會，及時鎖定目標客戶。
- 登門拜訪，逐一敲定。
- 多發郵件進行推廣，累積客戶資源。

隨著科技不斷發展，開發客戶的管道越來越多，例如：LINE群組、線上同業社群、線下各種活動等等，業務員可以根據自身優勢和行業特點選擇管道，盡可能累積客戶資源。

方法3：提前計畫約訪，善用早晨的時間

業務員要將每一天當成一次短跑賽程，要抓住早晨的時光贏在起跑線上。

據說，原一平在早上七點三十分之前，就拜訪完三名客戶。他在早上六點與第一位客戶一起喝咖啡，六點三十分與第二位客戶喝果汁，七點與第三位客戶吃三明治。

原一平的成功主要歸功於將早晨時間利用到極致。因此，我每天起床時都會告訴自己：想要盡可能擴大拜訪客戶的數量，就要比別人更早開始行動。我經常在早上五點三十分起床，而一般的業務員可能七點三十分才開始盥洗，於是我比他們多贏得兩個小時，也多贏得幾位客戶。

此外，提前與客戶約定拜訪時間，也能增加每天的拜訪數量。有些業務員在拜訪當天才決定要拜訪誰，這不僅浪費時間，也可能無法成功見到客戶。所以，你要提前與客戶預約時間，在計畫表上做好標記，有條不紊地執行計畫，便能有效率地提高拜

訪量。

回憶起那段時間，我不是在拜訪客戶，就是在拜訪客戶的路上，連通勤時間也在翻看客戶資料，查閱相關資訊。雖然我每天身體很疲憊，但是精神上充滿激情。

把握所有時間拜訪客戶，是獲取訂單的基本保證。如果你停止拜訪客戶，或者消極看待拜訪客戶這件事，你就不再擁有成功之源。想要獲得亮眼的銷售業績，手腳必須勤快，將不斷擴大客戶數量當作優先目標。

用「二七一法則」分配時間，開發客戶促進成交

許多人不願承認這個事實：大部分看似很努力勤奮的人，其實不過是在瞎忙。這在業務團隊很常見，有的業務員跑斷了腿、累彎了腰，最終顆粒無收，只得到深陷疲憊的自己。

勤奮≠瞎忙，要掌握時間管理的技巧

業務員小A早上九點出發拜訪，急匆匆趕到客戶B的公司，卻被告知對方臨時有事，必須改到下午見面。於是，小A從自己的拜訪名單搜尋下一位客戶C，但因為沒有提前做好準備，他花了比想像中更長的時間才到達C的公司，也因為沒有備妥資

料，他與C聊得不順暢。

時間不知不覺地流逝，小A發現與上一位客戶B約定的時間已經快到了，於是匆匆告別客戶C。他趕到B的公司後，等了一會才成功見到對方。為了避免顯得急功近利，小A決定先與對方閒聊幾句，結果兩人聊得越來越起勁，等到進入業務主題時，已是下午三點。

客戶B接下來還有其他會議，於是簡單聽取小A的方案介紹，並向他提出一些疑問，但是小A準備不足而無法立即回答，導致B對小A失去信心，只是簡單地表示：「有需要的話，我會再聯繫你。」儘管小A一再表示會回去修改方案，還是沒有得到對方的正面回應。

此次拜訪到這裡結束，之後小A花了兩小時回到公司，已經精疲力盡。儘管如此，小A還是打開電腦準備修改方案，不料一時之間，竟然無法想起客戶提出的意見，更不用說要想出對策。小A在心裡哀嘆：一天又過去了，居然一個客戶也沒搞定。

在這個案例中，小A看似勤奮，其實只是瞎忙。業務員很容易陷入小A的景況，在業務工作中越忙越亂，不僅忙不出成績，更忙得心力交瘁。如果這種狀態長久持續下去，很容易會產生自我懷疑，直至想要告別業務這個行業。

勤奮固然是好事，但毫無頭緒地瞎忙，只會陷入事倍功半的狀態。因此，業務員在勤奮的同時，要掌握時間管理的方法。這裡介紹一個我自己和團隊經常使用的技巧：時間的二七一法則。

二七一法則是指，把時間分成三個部分：二〇%的時間用於潛在客戶的開發與簽約，七〇%的時間用於開發新客戶，最後一〇%的時間用於跟

圖1-1 用二七一法則分配時間

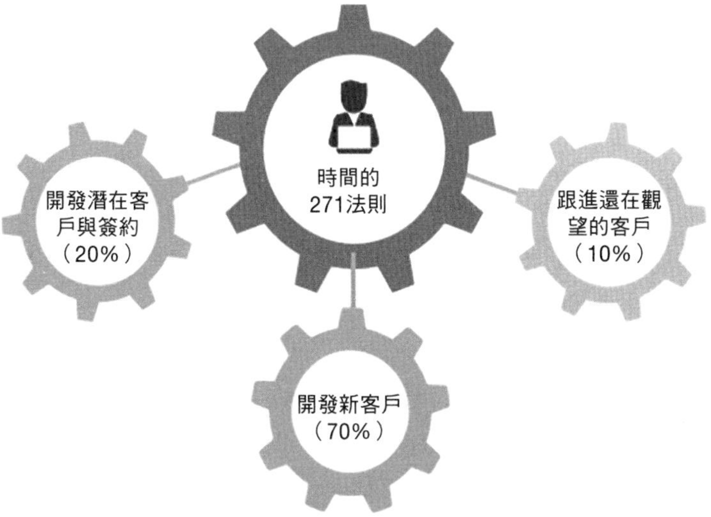

進觀望的客戶。如此一來，可以將大部分時間花在回報率最高的客戶，讓努力盡可能產出結果。

我在去哪兒網工作時，會把飯店分為SABCD五個類別。其中S是單詞super的縮寫，代表超高級別，S之下再用ABCD表示級別的高低，即S高於A、A高於B、B高於C、C高於D。我要求所有的客戶經理在拜訪客戶時，把七〇%的時間花在開發S、A、B三類客戶，把二〇%的時間花在維護C和D類客戶，再將剩下的一〇%時間用於簽約。

毫無頭緒地瞎忙，或是把時間花在與客戶漫無目的地閒聊，都很難取得成果。為了不讓勤奮變成瞎忙，業務員展開工作時，需要有目標、有規畫、有方法，並嚴格按照規定，完成每一類客戶的拜訪量目標。

用二〇%的時間開發潛在客戶與簽約

潛在客戶一般是穩定、有意願的客戶，業務員只要再努力一下，就可以成功與他們簽約，因此把時間花在他們身上最容易見到成效。這類型的客戶數量往往不多，只要分配二〇%左右的時間即可。

在這二〇%的時間中，業務員要注意工作方法，才能提高效率。首先，要確定客戶有八〇%的意願想要成交。其次，要找出可能導致客戶不想成交的原因，並備妥對策，例如：按照客戶需求準備多個方案，站在客戶角度思考，並用你的服務和產品真誠地打動對方。最後，在拜訪潛在客戶之前，要事先做好預約，讓對方有「這次要做決定」的心理準備。

我強調一點：想要在這二〇%的時間內讓潛在客戶成交，就一定要在前期打好基礎，也就是說，將開發客戶階段的各方面工作都做好。

用七〇%的時間開發新客戶

客戶數量是決定業績的關鍵，而決定客戶數量的關鍵在於開發新客戶。因此，開發新客戶是業務工作的重點。

業務員要把七○%的時間用於開發新客戶，並引導這類客戶轉變成潛在客戶。只有盡可能開發新客戶，才能有效提升最終的成交量。開發一百名客戶的最終成交量，一定與開發一千名客戶相差甚遠。

對於花在開發新客戶的七○%時間，我會再按照二七一法則進行細分。**其中的二○%時間用於搜索客戶資訊並加以分類，七○%時間用於預約和拜訪，一○%時間用於回顧反省。**

我會提前一天決定隔天要拜訪的客戶名單，並按照客戶重要性和合約緊急性做排序。一般來說，客戶越是重要，我越需要提早約定拜訪時間，並且根據對方的實際行程做調整。

實際上，不可能一整天都拜訪重要客戶。假設今天要拜訪十名客戶，其中的重要客戶通常不會超過三位，我會用七○%的時間拜訪這三位。只有妥善處理好重要客戶，你才能有效地分配所剩的時間。換句話說，當開發新客戶時，要將更多時間花在可能變成潛在客戶的對象身上。

用一〇%的時間跟進還在觀望的客戶

所謂的觀望客戶，是指已經拜訪兩次以上，但依然沒有任何意願的客戶。這類可以說是「雞肋客戶」，因為我們在前期投入時間和精力，而不願意輕易放棄，但也不能花太多時間在他們身上。

舉例來說，假設客戶對你的產品有需求，但覺得價格太貴，於是三番五次地推脫，卻沒有回絕，只是表示「要好好考慮」。後來，你再度拜訪或是電話詢問，對方總是說：「不好意思，我還沒考慮好。」考慮到時間成本，你不能繼續乾等。此時，你可以向客戶提出最後通牒，例如以下說法。

業務員：張先生，我知道您一直因為價格的緣故在猶豫。考慮到您對產品確實有需求，所以我們一直跟您保持溝通。其實您也信任我們產品的品質，如果您提早一天使用，就能多減少一天的損失。但假如您真的覺得購買這個產品不划算，我們也會尊重您的選擇。

在向客戶提出最後通牒時，語氣要溫和有禮，而不是帶著威脅，否則可能激怒客戶，導致丟了合約。如果業務員說話的語氣、態度適中，客戶通常可以從這番話中得到啟示，做出購買的決定；若客戶還是不為所動，業務員要及時停損，不要再堅持達成成交。

勤奮非常珍貴，但就怕你瞎忙，看不到成績還質疑自己是否沒有能力，是否不適合做業務。其實，問題的根源在於沒有找對工作方法，沒有合理地安排時間。當你開始使用二七一法則分配時間，很快就會體會到勤奮的價值。

鎖定有效客戶，透過「4步驟提問法」激發購買欲

二〇〇七年，我的業績越來越好，因為我盡全力尋找有效客戶，從客戶源頭掌握成交結果。

客戶源頭決定簽約結果。想要獲得高業績，你要問自己一個問題：「我每天八〇%的精力，是放在有效客戶的身上，還是放在非有效客戶的身上？」

假設你已經拜訪某名老客戶很多次，卻遲遲無法成交，然而你心裡仍然抱著能與他簽約的幻想。當你沉浸在這種期望中，就會忽視一個真相：如果客戶真的想簽約，他早就簽約了。由此可見，與其把時間花在和非有效客戶較勁，還不如開發新的有效客戶。

開發有效客戶的意思，就是要把控客戶的源頭，這需要業務員具備火眼金睛，判

斷誰才是有效客戶。那麼，什麼是有效客戶呢？

阿里鐵軍的全球業務冠軍、一年十一塊業務金牌紀錄保持人賀學友指出，有效客戶必須是第一ＫＰ（key person，關鍵人），而且他擁有購買需求和足夠預算。

條件1：必須是第一ＫＰ

ＫＰ是指對銷售結果產生關鍵作用的人，大概能分為三類：

1. **擁有決策權的人**，例如中小企業的老闆。
2. **沒有決策權但具有建議權的人**，例如：中小企業的總經理、分店經理、連鎖店店長。
3. **沒有決策權或建議權，但能對擁有決策權的人產生一定的影響**，例如：老闆的秘書、親信。

第一KP是指第一類KP，也就是擁有決策權的人，他們可以當場決定成交，不需要詢問或參考其他人的意見。

為了提高拜訪效率，業務員可以透過詢問直接找到第一KP，例如：「你們的總經理在嗎？」「請問，誰是你們的老闆？」但是，這種方法往往只適用於員工較少的小型企業或分店。

具有一定規模的企業會有保全措施，很多時候業務員還沒找到人，就被保安或前台人員攔在門外。針對這種情況，最好改用**轉介紹法，也就是借助中間人的介紹，一步步找到第一KP並建立對話。**

圖1-2 有效客戶的三個要件

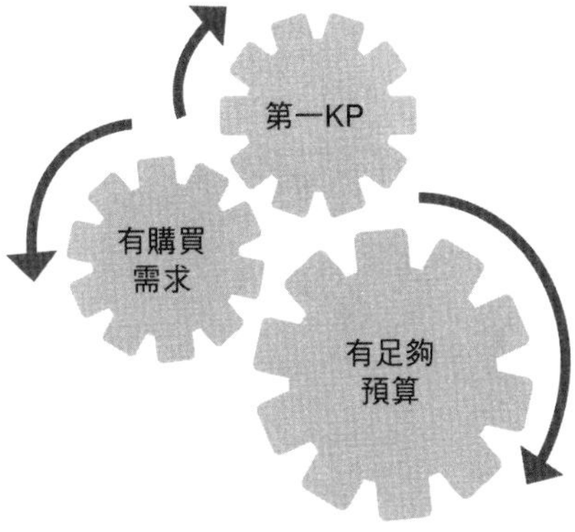

假設你要找某公司的老闆，直接前往拜訪卻被前台人員攔了下來。你經過一番調查，發現自己和該公司的一名業務有點交情，於是你可以透過該業務的介紹認識業務主管，再透過業務主管的介紹認識老闆。

根據「六度人脈」理論，你與任何一個陌生人之間，不會相距超過六個中間人。換句話說，**即使你不認識想要聯繫的第一KP，最多透過六個人就能認識到他，這就是轉介紹法的核心所在。**但要注意，第一KP的職位往往比較高，因此轉介紹者的職位也要有一定的層級，至少是在他面前擁有較高話語權的人。

我曾經遇過這樣一件事。有一次，我想要找某家連鎖飯店的第一KP，剛好有一個朋友在該飯店的市場部任職，於是麻煩他作為中間人幫忙介紹。我原本以為，只要有中間人介紹，溝通就會順利很多，沒想到對方不看好我們，沒聽我說幾句，就掛斷電話。

後來，朋友又給我該公司一位副總裁的電話，我致電過去，對方很乾脆地拒絕我，而且我申請加入對方的通訊軟體好友，也沒有被接受。我開始尋找突破口，忽然想到可以去社群網站搜索對方的資訊。在幾番操作後，我找到該飯店的副總裁兼人力資源管理部門負責人。

接著，我私訊給對方，問他方不方便介紹我認識該公司的行銷負責人。後來，對方接受我的通訊軟體好友申請，並且將負責行銷的副總裁介紹給我。雖然我當時與這位副總裁的職級有差距，不過轉介紹的人也是副總裁層級，於是我與客戶的溝通變得很順利。

在第一次轉介紹，我只能透過市場部的一名普通職員，結果失敗了。在第二次轉介紹，我找到一位副總裁，成功聯繫上第一KP後，溝通和合作都變得很順暢。**由此可見，在使用轉介紹法時，中間人必須對第一KP具有一定的影響力**。最好的辦法是設法接觸到公司高層，例如：執行長（CEO）、副總裁（VP）等。一般來說，與他們直接交流更容易獲得成功，而且效率更高。

尋找第一KP的方法還有很多。如果這家公司在業界享有一定的知名度，你可以上網搜索對你來說有用的資訊，或是到該公司官方社群、LinkedIn、求職網站等平台，查找對應的負責人，了解他們的姓名和職位等，也可以私訊給該公司的重要人物，以獲得接觸的機會。

條件2：必須有購買需求

有時候，即使你找到第一ＫＰ，也可能面臨新的難題：第一ＫＰ沒有購買需求，無法成為你的有效客戶。此時，肯定會有人提出疑問：如果客戶真的沒有購買需求，就算強迫他也沒有用吧？

這裡有一個小故事，能解答你的疑惑。有一個業務新人已經入行半年，但業績毫無進展，於是他向主管提出疑惑：「我覺得每次拜訪客戶都像是牽牛去喝水，我可以把牛拉到水邊，卻沒辦法強迫牛喝水。」主管聽完後，一針見血地指出：「你的工作不是讓牛低頭喝水，而是讓牛覺得口渴。」

經常有業務員試圖強迫牛喝水，結果行不通。業務高手不會逼牛喝水，而是讓牛感到口渴。如果第一ＫＰ說「沒有需求」，業務員的職責不是強迫對方成交，而是讓他感覺自己其實有需求。這該如何做到呢？

這裡介紹的方法是「四步驟策略提問法」：狀況型提問→困難型提問→影響型提問→解決型提問。

◆步驟1：用狀況型提問創造銷售機會

如果你要了解客戶或商家的具體需求，狀況型提問是很好的方法，也是大多數業務員對談的典型開場白。這個步驟的關鍵是要慎重行事，建立信任感。有時候你對客戶的行業還不夠了解，只有多與對方溝通，才可以發現問題，找到銷售的機會。

但是，如果對方不願意與你溝通，你可能會徹底失去機會。這時候，別急著進入業務主題，可以先聊聊其他輕鬆話題，透過不斷對話尋找切入的機會。

假設你與一家飯店談合作，在聊

圖1-3　用「四步驟策略提問法」激發購買需求

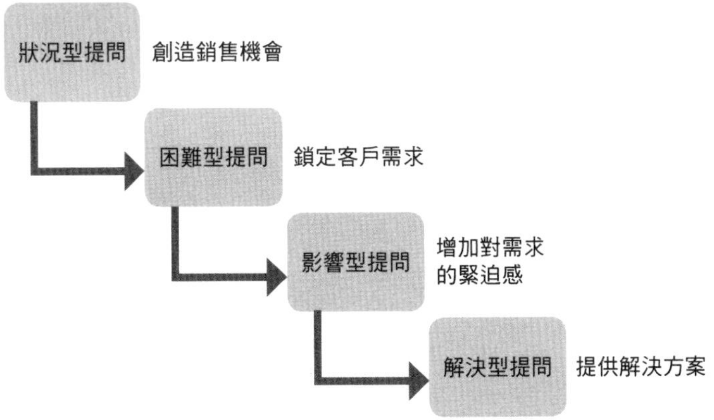

了一些不痛不癢的話題，建立信任關係之後，接下來要把話題轉向創造銷售機會的狀況型提問，例如：「您的飯店最近生意怎麼樣？」「飯店的住房率能不能做到一〇〇%？能不能客滿？」「您如何控制成本？」等等。

你的提問要簡潔易懂，引導對方敘述目前飯店遇到的狀況，讓你可以從對方的回答中尋找到突破口。舉例來說，業務員詢問飯店住房率時，對話可以如下。

客　戶：最近住房率不是特別好，只有二〇%。

業務員：為什麼只有二〇%？這二〇%的客源來自哪裡呢？

客　戶：有一部分是線上的客戶，一部分是線下的客戶。因為飯店靠近學校，所以在學生放假期間，生意就淡下來了。

當對方提及「有一部分是線上的客戶」時，你身為線上旅遊平台的業務員，就可以抓住機會。

◆步驟2：用困難型提問鎖定客戶需求

我們可以把業務工作看作是醫師開處方，而我們的產品就是藥品。所有的藥品都是為了解決病人的問題、緩解病人的痛楚，同樣地，所有的產品都是為了解決客戶的問題、克服客戶的困難。業務員應該像醫師一樣，去了解客戶面臨的問題，這就是困難型提問的主旨。

困難型提問是為客戶解決難題的第一步，目的是鎖定客戶的需求。接續上述例子，在第一步狀況型提問中，業務員了解客戶飯店的住房率只有二〇%，接下來可以用困難型提問收集更多資訊，舉例如下。

業務員：在這二〇%的住房率中，有多少客源是學生？多少客源來自旅行社？又有多少客源來自OTA（online travel agency，線上訂房平台）？在這幾個客戶群當中，你最不擅長經營哪一個？哪一個客戶群的流失最讓你感到苦惱？

經過這番提問，業務員可以鎖定客戶的需求，究竟是要解決放假期間學生客源減少，或是解決旅行社客源變少，還是解決OTA客源較少的問題。這樣做的好處是，起初客戶可能不清楚真正困擾自己的問題，而業務員透過提問幫助他分析，激發出他的潛在需求。

◆步驟3：用影響型提問增加對需求的緊迫感

影響型提問需要從兩個角度切入，既要增加客戶對需求的緊迫感，也要增加解決方案的吸引力。

為了增加解決方案的吸引力，業務員要化身為「天使」，引導業務會談的基調，從理性分析轉向感性思考，並且向對方提出協助，舉例如下。

業務員：如果您選擇和敝公司合作，我們有能力讓現在這家只有一百人知道的飯店，變成有一千人、甚至一萬人知道。如果飯店的整體受眾可以變得更廣，您願不願意呢？

為了增加客戶對需求的緊迫感，業務員要化身為「惡魔」，促使客戶思考，當前的困難將對公司產生什麼影響。這些思考會讓購買解決方案的需求越來越明確，讓客戶更快做出決定。增加緊迫感的提問可以如下。

業務員：客戶流失如何影響飯店的營運？如果這個問題長久無法改善，將會發生什麼狀況？飯店的管理層如何看待這個問題？

◆步驟4：用解決型提問提供解決方案

解決型提問的主旨，是將談話主軸從討論客戶的困境與需求，轉移到解決方案能帶來的利益。換句話說，這裡的目的是將談話內容導向你的產品或服務，用你的產品或服務回應客戶需求，進而讓客戶想要購買。解決型提問可以如下。

業務員：敝公司已經為您的同業處理相同的難題，我可以展示具體上要如何解決，您有興趣了解嗎？

條件3：必須有足夠預算

有效客戶除了要有決策權和購買需求，業務員還要確定他們有沒有購買預算，否則即便成功喚起他們的需求，仍然無濟於事。

如何確定客戶有沒有預算呢？首先你要明白，客戶不會隨便透露他的預算，而且你不便直接詢問，除非已贏得對方的信任。贏得客戶信任的方法因人而異，可以從客戶的背景、愛好、辦公室擺設等方面著手，拉近雙方的距離。

客戶一旦信任你，就會願意聊得更深入。這時候，你可以推薦不同價位的產品或服務，同時觀察客戶的反應，透過表情、動作、言詞上的細微變化，判斷對方的預算範圍。

假使客戶連最低價格的產品或服務都不能接受，或是沒有能力接受，這顯示他沒有足夠預算，可能不是有效客戶。

不過，業務員不必就此放棄，仍有機會說服客戶增加預算。例如：「我相信只要使用我們的產品，就能將貴公司的業績提高二〇%以上」、「當您還在猶豫，您的競爭對手已經用我們的產品，在一年內達成業績翻倍」。如果經過這番勸說，客戶依舊不為所動，代表他真的沒有預算，此時你可以將對方排除在有效客戶名單之外。

能否在客戶源頭鎖定有效客戶，將決定你的簽約過程是否順利，進而決定業績是否理想。如果業務員善於發現並鎖定有效客戶，業績不會太差。

客戶還在猶豫不決？這樣提案與回話就能打鐵趁熱

很多人都想知道快速簽約的秘訣，我認為，主要關鍵就在於：及時提出「成交結案」（close）。當我遇到一個有效客戶，如果能用兩個小時簽約，就絕對不用兩個半小時。

成交結案是指完成銷售，客戶簽訂合約並付款。對業務員來說，提出成交結案並不難，困難的是在提出後，客戶卻表示拒絕時，該如何應對。

用主動提問剷除成交路上的阻礙

我們看看下面的情境案例。

業務員：張總，我們聊得差不多了，您覺得合適的話，我們就簽約吧！

張　總：我再考慮考慮。

業務員：您需要再考慮什麼呢？是哪個方面還有疑問嗎？

當業務員提出成交結案時，客戶說要再考慮一下，其實是很正常的反應。此時業務員要堅持一個原則：主動引導客戶答覆，而不是等待客戶答覆。有的業務員為了留下好感，會留給客戶思考空間，像是回答：「好的，您再好好考慮」，但最後客戶考慮的結果很可能是拒絕這位業務員的服務或產品。

因此，當客戶說要考慮一下時，你要引導對方儘快說出不想成交的真正原因。比如說，你提問：「您能告訴我您在擔心什麼嗎？」客戶見你的態度直接坦誠，往往會坦白說出他的顧慮。

業務員：張總，您能告訴我您在擔心什麼嗎？趁今天我們都有空，可以詳細談清楚。

張　總：其實我沒有什麼疑問，只是還要再想想，畢竟我是第一次接觸你們的這個產品。

業務員：張總，我可以理解您的想法，可是您看價格方面，我們沒有異議，您也看得出產品的品質有保證。其實，我們這項產品要趁早使用，早用一天，就能早一天降低營運成本。您是不是也這麼覺得呢？

「早用一天，就能早一天降低運營成本」這句話，多少會給客戶帶來衝擊，此時業務員再將各種好處端到客戶面前，讓他不得不說出真正的顧慮。

張　總：不瞞你說，目前我帳戶中的現金不多，預算不夠，我只能等合作方結算並付款，才有錢計畫這件事情。不是我不想做，關鍵是我現在沒有那麼多錢。

業務員：原來是這樣。張總，您覺得這筆預算大概什麼時候會到位呢？

張　總：如果可以的話，我們在這個月底就把這件事情定下來。不瞞你說，其實我還在跟另外一家廠商接觸，你們產品的價格比他們的貴一點。

業務員：哦？張總，具體上是哪裡比較貴呢？

張　總：你們的報價比他們的高出一千元。

從客戶的回答，業務員得到一個很關鍵的資訊：客戶現在沒有足夠的錢。此時，業務員要進一步確認預算狀況。通常，聊到這一步，客戶不再遮遮掩掩，會坦誠說明他的想法。

從客戶後續的回答，業務員又確定兩個資訊：客戶對自家產品確實有需求，以及想要用更低的價格購買產品。基於這兩點，業務員可以進一步解答。

業務員：張總，我了解您說的這個情況，其實我們的產品和對方的不太一樣，我們是由頂尖設計公司▷▷設計，能帶給您更好的使用體驗。另外，我們的產品承諾提供五年免費保固，對方只提供三年。您算算看，多出來的兩年免費保固，應該可以省下不只一千元吧？

張　總：原來是這樣啊。我想知道的資訊基本上都了解了，回頭我會把這件事跟老闆彙報。

從張總的談話中，業務員得知他不是第一KP（※英文直排），此時不要只回覆一句「好的」，就結束對話。張總如此詳細了解產品資訊，顯示他即便不是最終做決定的人，但是能對第一KP（※英文直排）的決定發揮影響。因此，業務員還要向他確認一個問題。

業務員：剛才您說兩家價格不一樣的問題。如果是您，會選擇哪一家呢？

張　總：雖然你們的產品貴了一點，但是品質上我可以放心。另外，你剛才提到的保固期問題，我覺得非常重要，我們會更青睞售後服務做得好的產品。

業務員：我再冒昧問一下，以您對您老闆的了解，他選擇我們產品的可能性大不大？

張　總：可能性不小，畢竟你們的產品有品質。但如果我們老闆從成本的角度考慮，不看性價比，就可能會選擇價格比較低的那一家。

業務員：到時候，要麻煩您幫我們在老闆面前美言幾句了。

張　總：一定一定。

在這個案例中，業務員透過提問，不斷清除成交路上的障礙，將局勢朝著有利於自己的方向扭轉，順利引導到最終的成交簽約。

用4大武器擊垮客戶的猶豫

業務員在提出成交結案時，除了提問，還可以善用影響客戶的四大武器：同業享受的服務內容、同業的商品頁面、同業的回饋，以及同業簽約成功的故事。業務員帶著這些資料提出成交結案，會讓客戶覺得你做了十足準備，相當有誠意。

這裡的同業，是指客戶的同業而不是業務員的同業。客戶的同業也是客戶的競爭者，他們的出現會帶給客戶一定的壓力，所以業務員提出有關客戶同業的四大武器，有助於拿下訂單。

同業享受的服務內容。除了購買的產品或服務內容之外，客戶也在乎額外附加的服務或福利。業務員可以說明客戶同業已經享有的服務，甚至提供更好的服務，吸引客戶決定購買。當然，要做到這一點，事前的資料準備非常重要。

同業的商品頁面。為了讓客戶相信你推薦的產品符合他的需求，你可以在成交結案階段，提供同業的商品頁面。當客戶在同業的商品頁面看到你推薦的產品，一定會考慮：「我也要有這個」，畢竟對於商家來說，做到「人無我有，人有我優」是最基本的競爭策略，如果自己缺少競爭對手在賣的商品，顯然會使自己處於不利的被動局面。

同業的回饋。同業的回饋能顯出這個產品或服務的契合度、品質和性能的優劣。因此，業務員要多收集客戶同業的回饋，尤其是高知名度的同業提供的回饋具有權威性，更能有效服務客戶成交。

同業簽約成功的故事。人人都喜歡聽故事，因此你可以準備一些客戶同業簽約成功的案例。最好選擇有代表性的故事，例如：對方一開始猶豫不決，最終選擇信任你，並主動提出簽約，或者對方一開始選擇別家的產品，最終決定使用你家的產品。這樣做既能呼應客戶當下糾結、猶疑的心理，還能讓客戶從中得出「你家產品的品質過人、功能好、物美價優」等優點。

總而言之，快速成交的秘訣在於打鐵趁熱，在客戶對你家產品產生好感的最高點，及時提出成交結案，並提供解決對方困擾的方案，以及對方同業的相關資訊，讓客戶難以抗拒，就能夠提高成交效率。

想凸顯自家企業和商品優勢，要活用6個槓桿成交支點

數學家阿基米德有一句名言：「給我一個支點，我就能撬動整個地球。」槓桿原理能發揮四兩撥千斤的效果，在業務領域同樣如此，業務員把某種資源當作支點，就能有效促進成交。

業務領域的槓杆有兩端，一端是你的客戶，另一端是你和自家企業的優勢。你的優勢越大，越能撬動客戶成交。

想要省力地撬動客戶成交，你需要找到正確的支點。根據我在飯店業的業務經驗，較常用的支點有六個，分別是廣告、低值易耗品、經理培訓、折扣、業配推廣與包裝。

附送免費打廣告的機會

很多品牌每年都會編列高額的廣告投放費用，雖然前期要投入很多資源，但這是最快的曝光方法之一。只要廣告傳播開來，就能擴大產品的知名度和影響力，有助於傳播品牌理念與價值。

這也是很多公司邀請名人做廣告的原因，他們的知名度高，擁有的粉絲多，利用「名人效應」可以迅速傳播產品，形成自家的客戶群。

我們如何透過廣告撬動客戶成交呢？最簡單的做法是把廣告作為附加價值，贈送給客戶。例如：與我們合作的飯店，可以免費在我們的會刊上刊登廣告，而透過會刊的影響力幫助飯店提高知名度，收穫更多潛在客戶。

推薦適合客戶的低值易耗品

低值易耗品是飯店業的一個特點。舉例來說，飯店都會購買牙膏、牙刷、洗髮精等，這些消耗品的價格多元，選購單價二十元或三十元的產品，最後花費的總成本會差很多。所以，在這一方面，我們要尊重客戶需求，按照客戶要求執行。

很多業務員往往會讓客戶迎合自己的想法，推薦不符合客戶飯店級別的產品，這不僅會讓客戶質疑你的專業能力，還會懷疑你的目的不單純，自然難以成交。

獨家提供經理培訓體系

就飯店業而言，優秀的經理人才對公司的發展和獲利至關重要。優秀經理的溝通能力強，做事積極主動、認真負責，客戶對他們的評價往往很高。但現實情況是，很多企業請不起優秀的經理人才。

針對這種現象，我們提供經理培訓體系，作為撬動成交的重要支點。總體說來，優秀的經理培訓體系包括以下幾點。

一是確立經理的角色定位、服務意識及系統管理能力。經常有經理將自己的身份定位為超級員工，奔波忙碌於各類事務，其實這不是經理該做的工作。優秀的經理把更多時間花在溝通、回顧反省和計畫，提升自己的系統管理能力，不必事必躬親，就能掌控局面。

二是鞏固企業文化，包括企業的經營理念與發展願景。企業文化是強大的軟實力，能讓經理形成強烈認同感，進而全心投入工作，提升業務能力。

三是提高經理的領導才能。經理是管理者，因此領導技能也是培訓重點。比如說，要學習如何輔導新員工快速進入工作狀態、如何激勵老員工做出更多貢獻。

折扣很好用，但並非萬能

折扣是很多業務員眼中的撒手鐧，他們覺得一旦給客戶折扣，客戶不會輕易放棄這個好機會。但是，折扣真的萬能嗎？當然不是。因此，我常常告訴部屬：「你可以適當地申請折扣，但一定要有理由。」

重點是，要判斷客戶對折扣的需求。有些客戶要求折扣，是出於占便宜的心態。

我曾遇過一位躋身富豪排行榜的合作方，我們在談合作時，他經常提起要折扣。

對於資產豐厚的他來說，這些折扣可有可無，但是他依然堅持，這就是占便宜的心態。對於這類客戶，你要適當地讓出一點折扣，滿足他的心理。

此外，有些客戶會試探性地尋問折扣。這時，業務員要判斷對方值不值得我們提供折扣。舉例來說，你給客戶的加盟費報價是五千元，對方卻只願意付出一千元，兩個價格的差距過大，你自然無法答應客戶。

當客戶提出的折扣過高，這反映出對方在試探你，也反映出他的成交意願不強，可能只是拿高額折扣的要求來搪塞你。對於這類客戶，你要回到成交之前的業務環節，再次了解他的真實需求和不願意成交的原因。

用業配把產品推到客戶眼前

隨著網路發展，業配推廣的影響力越來越明顯。從短期來看，做業配是為了拉動產品的人氣，帶動銷售量。從長期來看，企業藉此打造品牌形象，甚至是重塑品牌價值，讓目標客戶留下好印象。

業配文章要寫得好，吸引目標客戶關注，必須符合以下幾點要求。

第一，內容要以產品和服務為中心。不少業務員寫的業配文章，內容脫離產品和服務，以至於目標客戶看完整篇文章，還是不知道你要推薦什麼，等於白費心血。

第二，要凸顯產品和服務的特點。業配推廣的主要目的，是用產品或服務的獨特功能，吸引目標客戶產生興趣，激發他們想要了解並購買產品的念頭。

第三，要展現出不同族群對品牌的不同認知。如果業配內容千篇一律，讓讀者沒有新鮮感，就無法達成業配推廣的目的。而且，如果業配只針對單一族群來介紹，傳播範圍會比較小，效果也就有限。

第四，要展現產品或服務在不同時期的特點。這麼做可以讓目標客戶對你的產品或服務，有比較全面的認知，並感受到產品或服務的成長和創新。有些業配內容總是反覆介紹產品或服務在某一時期的某個特點，這種做法缺少說服力，而且很難增加讀者的黏著度。

業配除了要寫出優質內容，還要做好推廣工作，也就是選擇流量大、互動強的平台進行曝光，讓更多使用者在第一時間接觸到你推出的業配。

把產品和贈品都包裝得美美的

包裝是非常重要的成交支點，舉例來說，就同一款產品而言，比較具有美感的照片更能吸引目光，激發購買欲。照片拍得好，可以成功吸引人們的注意力。因此，我們公司定期邀請網紅來拍攝，吸引更多目標客戶關注。

即始用福利、折扣等方式吸引客戶，同樣需要包裝。換句話說，送福利一定要有理由和主題，而不是直接說出你贈送什麼，那只會讓你的福利變得廉價，讓客戶覺得你的贈品沒有價值。

舉個例子來說，我們會贈送福利（拍攝和會刊廣告版面）給在二月份簽約的客戶，理由是簽約時間在年初，這些客戶是我們的「開門紅業主」。

以上是針對飯店業的特性，總結出六個槓杆成交支點。不同行業會使用不同的支點，業務員可以參考以上六項，結合自己行業的特點和業務經驗，尋找適合自己的支點，撬動客戶成交。

高手都有5個好習慣：自律、溝通、思考……

從一名平凡業務員成長為頂尖業務，是一條艱難重重的道路。我並不認為自己天賦異稟，幫助我成功走在這條路上的原因，是我謹記的五個習慣，即常自律、常溝通、常思考、常總結、常分享。

在日常小事上自律，你從平庸到卓越

被譽為業務天才的暢銷書作家安東尼・伊安納里諾說：「從平庸到卓越，最大的決定因素是自律。」他認為，在優秀業務員必備的心態當中，自律排在第一位。對此，我深表認同。

如果你堅定地保持自律，人生狀態會發生重大變化。在十幾年的業務生涯中，我認為業務員的自律表現在以下三個方面。

一是嚴格的作息習慣。保持良好作息、集中精力，是業務員「常自律」的核心。比如說，為了保證睡眠充足，要儘量在晚上十一點入睡，早上六點起床，或是為了保證不賴床，鬧鐘鈴響就要快速起床。

特別要提及的是，若要保持嚴格自律的生活作息，就意味著你要少玩樂、少看電視、少追求眼前的快樂，並且將注意力放在工作和任務上。

二是嚴格的開發客戶習慣。開發客戶是保證業績的重要關鍵，業務員要摸索出最適合自己的開發流程，制定計畫並嚴格執行。在我的業務生涯中，始終保持每日十通電話篩選、十通電話做二次判斷的習慣，以確定誰是潛在客戶。

開發客戶的過程很繁瑣，包含搜尋客戶資源、確認客戶數量、分級管理客戶等等。業務員要做好每個階段的時間和任務分配，才能提高工作效率。

要注意的是，養成習慣之後，還要根據實際情況，彈性調整時間與任務的分配。比如說，剛開始做業務時，可能要花很多時間搜尋客戶資源，一旦手中累積一定的客戶數量，就不用在這個階段投入太多時間。

三是嚴格的拜訪習慣。每個頂尖業務在拜訪時，都會嚴格抓住三個環節：拜訪前的準備、拜訪時間的確認，以及拜訪後的回顧反省。

首先，要檢查是否帶上必需的資料，例如：名片、客戶名單和聯繫電話、相關業務資料、合約書等等。其次，嚴格確認每一位客戶的拜訪時間。盡可能早一點拜訪，越快與客戶見面越好，因為接觸的客戶越多，代表你的機會越多。

最後，拜訪客戶結束後，要做好回顧反思的工作，例如：確認並記錄客戶的資料、總結當天的工作目標完成度，並提前準備隔天要拜訪的客戶資料等等。

透過這三個環節，自律的拜訪習慣能讓你事半功倍。

多與五種人溝通，為知識和心靈充電

溝通的好處在於可以獲取有效資訊，尋求更多靈感與支持，也能讓更多人了解你的想法。

常與積極上進的人溝通。積極上進的人具有一種樂觀的能量，會感染周遭的人，讓你也跟著積極行動，覺得辛苦付出是一件很值得的事。相反地，如果你總是與習慣抱怨、不思上進的人在一起，他們身上的負能量也會感染你，讓你慢慢變得懶散。

常與優秀的人溝通。是什麼讓優秀的人變得優秀？你要留意他們思考問題的角度和方式，積極學習他們的成功經驗。我的團隊裡有許多優秀的人，每次與他們交流，都能讓我獲得一些新的想法。這些想法拓寬我的思路，讓我能以不同的、甚至全新的角度看待問題。

常與管理者溝通。不少業務員遭遇問題時，不與管理者溝通，自己默默忍受、獨自崩潰，很可能直到最後撒手放棄，管理者仍然不知道他經歷什麼問題。其實，當你遇到困惑和障礙，要積極與管理者溝通，向他們反映問題、尋求幫助。

常與別的區域或部門溝通。術業有專攻，每個領域都有各自的優勢，你不要永遠只顧著自己的一畝三分地，應該多與其他的區域和部門溝通，了解新的趨勢變化，收集更多資訊。

常與家人、朋友、伴侶溝通。家人、朋友、伴侶能提供精神支持和愛的肯定，是我們背後溫暖的力量。當你內心疲憊時，家是溫暖的港灣，讓你感受到生活的美好，進而鼓起力量去拼搏。你可以如實地向家人、朋友及伴侶傾訴你的困惑，展現你的軟肋，不必假裝。這種真實的溝通是心靈的滋養。

想突破瓶頸，就得常常思考3件事

花時間思考是最能節省時間、創造價值的事情之一。如果要實現突破、獲得進步，就需要常常思考。

思考人生目標。你要如實地思考以下的問題：「你能做什麼？你想要什麼？你是怎麼樣的人？你要成為怎麼樣的人？」擁有清楚明確的人生目標，並且不斷完備自己的人生，是一件很有意義的事情。只有正在實踐這個過程的人，才能懂得其中真正的旨趣。

閱讀書籍並堅持思考。讀書能使人明智，思考書本內容也讓人受益良多。我常閱讀勵志和管理方面的書籍，勵志類書籍能在精神上幫助我攻克苦難，管理類書籍能在實務上教我用管理者思維帶領團隊。

思考工作中的障礙。業務員需要思考工作中遇到的障礙與困惑，並從中得出新的領悟。比如說，在快要簽約時，客戶忽然反悔，此時業務員要思考：「為什麼會出現這種局面？是不是自己說了不該說的話，或是做了不該做的動作？」這些思考既能幫助你解決問題，又能帶來成長。

要進步得快，你應回顧反省3方面

回顧反省就是回顧昨天的我、提升今天的我，以及實現明天的我。這就像堆砌台階，每一次回顧反省都是一步一步往上走的基石。

回顧反省業務方法。業務方法需要常常回顧、更新及補充，因為沒有最好的方法，只有更好、更適合的方法。業務員在每次工作結束後，都要回顧並記錄過程中獲得的經驗、發現的不足。等你想要回顧時，你會感謝自己的這個習慣。

回顧反省所得。思考的所得、學習的所得、溝通的所得，都要回顧並記錄下來。

回顧反省自己的進步與不足。進步之處要保持精進，不足之處要進一步分析原因與尋找對策。在回顧自己的不足時，要保持真實、客觀，你可以記下具體的失敗案例和原因，以便有跡可循。

嶄獲新知嗎？分享的快樂勝過獨自擁有

當你有一個想法、我有一個想法，彼此分享之後，就各自都有兩個想法。保持分享會讓你收穫更多。

每天工作結束後，我的團隊都會召開分享會。在會中，業務精英分享成功經驗，一般的業務員分享工作總結，包括遇到狀況的原因和改進方向，每個人都能從自我回顧和他人分享當中獲得激勵。

每次分享會都是一個展示自己的機會。當你的某句話或某段經歷觸動他人，就會得到對方的友好和支持。此外，你可能從別人身上獲得回饋，從他人視角聽取各種看法和建議，幫助你獲得提升。

以上的五個習慣，讓我的業務員生活每一天都如獲新生，讓我今天比昨天做得更好，明天又比今天做得更好。我相信，在業務路上堅持這五個習慣的人，都有機會成為頂尖業務。

業績突破秘笈

☑業務員不但要勤跑客戶，更要勤於動腦，尋找高效開發、快速成交的方法。

☑要盡可能多去拜訪，擴大客戶數量，這將決定性地影響你的最終業績。

☑用二〇％的時間服務潛在客戶，七〇％的時間開發新客戶，剩下的一〇％跟進還在觀望的客戶。

☑利用轉介紹法尋找第一KP時，中間人的職位必須有一定的層級，至少是對第一KP有影響力的人。

☑當客戶表示不需要你的產品或服務，可以用四種類型的提問引導客戶發現需求，創造銷售機會。

☑快速成交的秘訣是，在客戶對產品的好感度達到最高點時提出成交，並提供客戶同業的簽約故事、使用回饋等資訊，來提高說服力。

☑善用槓杆成交法凸顯你的產品優勢，例如：廣告、經理培訓、業配推廣、包裝等等。

NOTE

/ / /

NOTE / / /

想擁有一個充實的人生，就要想方設法讓自己
熱愛現在的工作。

——稻盛和夫

Chapter 2

業績遇到瓶頸？7個超業心法幫你充飽競爭能量

心法1【PASSION】實踐7個關鍵字，跨越困難穩步成長

二〇一〇年，在阿里巴巴宣揚企業價值觀的《六脈神劍》影片中，我代表「激情」參與拍攝。激情不僅是我工作中的狀態，更是我對業務工作的認知。一個業務員沒有激情，很難做出好的業績。

我對激情的理解是：不把工作當成累贅，而是享受它，讓它成為生命的一部分。當你看輕工作中遇到的困難，轉而看重自己的成長，就會充滿激情。

我做業務工作時，儘管早出晚歸、困難重重，但是從來沒有放棄的想法，反而覺得很興奮，覺得人生每天都有無盡的可能。對業務充滿激情的狀態，就是你從早到晚都在想著如何提高業績、如何成交更多客戶。每天睡前想這件事，醒來也是想這件事，二十四小時都在思考這些問題。

如何才能常保激情？

激情的英文是PASSION，我用這七個字母作為開頭，找出七個對業務工作來說最重要的英文單詞。

◆ Profit（利潤）：把銷售額拉到最高，把成本降到最低

利潤是業務員的外在動機，是業績做得好的衍生品，不過，在追求利潤的路上，你要有所為、有所不為。

在激情的驅使下，你是在做大事，而不只是賺大錢。不少業務員一味追求利潤並為之瘋狂，其實是一種消耗自己

圖2-1 幫助業務員保持激情的七個關鍵字

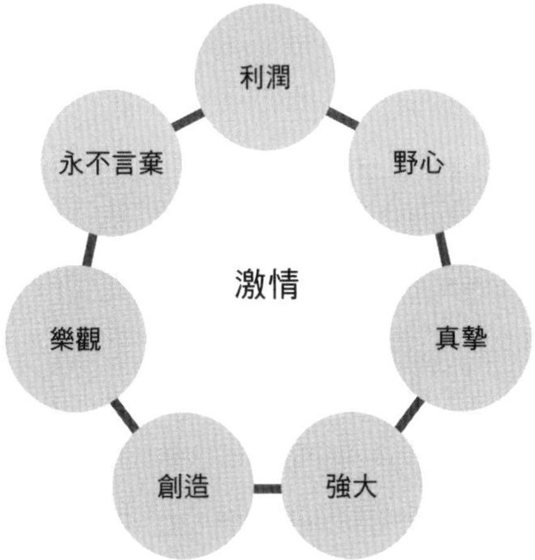

也消耗客戶的作為。利潤至上者很難成就大事業，因為他們容易被蠅頭小利吸引，難以做長遠的打算。

◆Ambition（野心）：滲透到意識當中的必勝決心

野心是業務員生出激情的內在動機，是推動業務員前行的強大力量。

很多人問道：「如何保持激情？難道保持激情就像打了腎上腺素，時刻保持亢奮狀態嗎？」我會回答：「是，也不是。」

「是」的原因在於，激情會像注射腎上腺素一樣，滲透到你的每個細胞裡，讓你感覺興奮。「不是」的原因在於，如果你心裡沒有強大的目標、偉大的願景作為支持，注射腎上腺素只能產生一種形式上的激情，難以長久維持。

如果你選擇這個職業是為了養家糊口，或是出於「找不到其他更好的工作」的無奈心態，那麼時間久了，你會覺得疲憊、喪失鬥志，更別說保持激情。

如果你選擇這個職業是因為懷抱理想和野心，例如：挑戰自我、成為頂尖業務、給家人更好的生活，你會獲得來自內心的力量，幫助你全心投入工作。換句話說，當你擁有宏偉的目標，就會受到激情的驅使，讓你無論遇到什麼狀況，都能拿出不達目標誓不罷休的氣勢。

◆Sincerity（真摯）：讓客戶因為你而賺錢

你的業務工作要對與你共同奮鬥的人有利，也要對你的客戶有利。馬雲曾在阿里巴巴的業務培訓課上，說過一席話：「我們要求業務員，不要盯著客戶口袋裡的五塊錢，而是要負責幫客戶，把口袋裡的五元變成五十元，然後再從裡面拿走五塊錢。」我認為，這就是對客戶最真摯的心意，也是客戶可以放心把訂單交給你的原因。

◆Strength（強大）：隨時隨地絕處逢生的強大內心

你要時刻做好被客戶拒絕，卻又能絕處逢生、繼續奮戰的準備。要提前預想各種可能發生的危機，例如：被客戶拒絕、出現新的競爭對手、客戶突然改變主意等等。你必須在業務計畫中考慮這些問題，並積極想出對策。如此一來，當你實際遇到困難時，就有足夠的冷靜和勇氣去克服難關。

◆ Innovation（創造）：創造更多業績。

為了持續懷抱激情，你要讓自己經常處於積極的戰鬥心態，每天都做好規畫、經常想著：「我一天能達成多少成交？銷售額達到多少？與昨天相比是增加還是減少？」

◆ Optimism（樂觀）：保持積極樂觀的態度

對於業務工作來說，保持積極樂觀的情緒相當重要，這能讓你堅持到最後，在連續遭遇打擊時，不至於產生自我懷疑。事實上，從事業務工作時，難免會面臨失敗，如果沒有積極樂觀的情緒，即便具備勇氣也會過得很辛苦。保持樂觀積極的態度應對一切挑戰，就能勝不驕、敗不餒，抱著希望和夢想，做好每一天的工作，創造更好的業績。

◆ Never give up（永不言棄）：做最壞的打算，付出百分之百的努力

最後，保持激情就是抱有永不言棄的精神，做最壞的打算，並付出百分之百的努力，堅持不懈地在自己選擇的路上行進。

業務員表面上推銷的是產品或服務，事實上是在推銷自己，唯有當客戶信服你，你才能夠贏得客戶的心。說服客戶的過程可能困難重重，成功的關鍵就在於堅持到最後一刻。

我在做業務時，每當想要放棄，都會想起音樂家貝多芬的故事。貝多芬晚年面臨雙耳失聰的不幸，卻沒有放棄對音樂的追求。我相信他的內心有激情在燃燒，即便雙耳失聰，依然抱著永不放棄的精神投入創作，最終寫出磅礡的《命運交響曲》，奏響生命的激情之歌。

利潤、野心、真摯、強大、創造、樂觀、永不言棄，正是緊抓著這七個關鍵字，我才能成為阿里鐵軍的「激情」代表，才能在極短時間內，從一名普通業務員成長為頂尖業務員。

當你選擇走上業務這條路，會有很多人問你：「你能做到什麼程度（達到多少業績）？」但事實上，業務工作最重要的不是業績數字，而是保持激情，讓自己為每一天的奮鬥感到幸福。

回想代表「激情」拍攝宣傳影片時，我的腦海不斷出現自己努力拜訪客戶、不斷刷新業績的場景。因此，如果沒有激情的支撐，我無法在業務這條路上走得這麼遠、這麼久。

總之，做業務一定要保有激情、相信自己。當你將激情融為潛意識的一部分，就會迸發出巨大的能量。

心法2【挑戰】與其等主管給客戶名單，不如起身跑業務

二○○八年九月，我在一個月內簽下三十九張合約，業績在整個阿里鐵軍當中排名第二。這樣的成績並非一蹴而得，過程中經歷各種困難，而其中之一是我在職業生涯中從未分到一個「電話栗子」。

電話栗子就是購賣意願比較強的潛在客戶名單。當時，我在心裡抱怨：「為什麼主管把電話栗子分給別人，卻不分給我？」帶著怨懟的情緒，工作時更是覺得諸事不順，有些我認為有把握成交的客戶，卻怎麼樣也簽不了約，令我無比沮喪，甚至沉溺在負面情緒中難以自拔。

很快地，我意識到這種消極心態只會讓人喪失鬥志，無法獲得進展。於是，我強迫自己掙脫負面情緒，打破「沒有電話栗子根本不可能成交」的既定觀念，不斷告訴

自己：「一切都有可能」、「沒有電話栗子我也能做出好業績」、「我相信自己會成為優秀的業務員」。慢慢地，我發現事情開始朝著另一個方向發展。

還有一次，我拜訪一位客戶，當時他的態度很不配合，最後以一句「我再考慮看看」打發我離開。之後，我反思這次拜訪過程中的每一句話，回憶客戶說了些什麼，我又說了些什麼，試圖找出可以促進成交的切入點。

最後，我想起客戶說了一句：「我不知道你們的產品效果怎麼樣」，於是我針對這項顧慮收集很多資料。另外，我又得知客戶的競爭對手之一，也購買我們公司的產品，使我的信心更是如虎添翼。

第二次拜訪時，我拿出整理好的資料與案例，向客戶一一陳述，對方看到我的堅持和誠意，感到相當意外。在拜訪的過程中，我發現客戶的態度慢慢緩和下來，後來甚至與我討論目前遇到的問題。最後，我成功簽下這位客戶。

這次的成交經歷讓我意識到，困難都是假的，成長才是真的。**很多困難都是自己想像出來的，事實上沒有那麼強大或可怕**。多數人面對困難時，會選擇逃避或繞行，其實真正有效且實用的解方是正面對決，以積極的方式與其戰鬥。

業務是一種與自己較勁的工作，比起戰勝外界有形無形的困難，戰勝自己才是最實際、最重要的關鍵。每一次戰勝自己的過程，都是獲得成長的機會。當然，要抓住這些機會並非易事，你需要做好以下幾件事。

從失敗的經驗，反省出成功的做法

人需要保持反省的習慣。只有透過自身的檢查、反思和剖析，才能夠認清楚阻礙自己前進的原因，而且你最後會發現，絕大部分的障礙都只是想像，並不是真實的。

不少人之所以覺得困難重重，是因為缺乏反省的精神，不懂得反思失敗經驗，從中總結出有幫助的結論。這時候，失敗仍是「失敗之母」。

很多業務員總是把阻礙自己前進的原因，歸咎為客戶、環境等，例如：客戶不配合、自己分到的負責區域不好。事實上，這種憤憤難平的心理，反而是前進路上最大的阻礙。

無論面對何種困難，首先要做的是正視它，然後分析它究竟是客觀存在，或只是出於想像。如果是客觀存在的困難，要思考如何應對和解決。如果是想像出來的困難，你需要調整自己，以更加自信的狀態前行。

「相信自己能做到」，與實力一樣重要

缺乏信念的人做事往往沒有精神，也很難堅持下去。業務員應該具備的信念有：「我相信我可以」、「我一定可以完成這個任務」、「沒有什麼能真正阻擋我，除非是我自己不願意做」等等，相信自己並付出努力，就能發揮信念的巨大力量。

許多業務員起初有信念，但後來遇到各種障礙，就輕易放棄自己的目標，在原地停滯不前。越是陷入畏難的情緒，就越容易喪失信心，相反地，具備強大信念的人會設法解決問題，直至達成目標。

具備信念的業務員，即使知道自己不一定能立刻取得成功，也會對未來充滿信心，堅定地朝著目標努力，不輕易退縮。當業務員從內心保持信念時，不會花時間揣測：「萬一失敗了怎麼辦？」而是立即採取行動。

面對困難，「全力以赴」到感動自己

美國作家亨利・大衛・梭羅，在他的名著《湖濱散記》之中寫道：「一個人若能自信地向他夢想的方向前進，努力經營他嚮往的生活，可以獲得意想不到的成功。他將會把一些事物置於腦後，將會跨越一條看不見的界線；新的、更廣大的、更自由的規律將要開始圍繞著他，並在他的內心建立起來。或者，舊有的規律將要擴大，並在更自由的意義上得到有利於他的新解釋，他可以在事物更高級的秩序中生活。他的生活越簡單，宇宙的法則就顯得越簡單，寂寞將不再是寂寞，貧困將不再是貧困，軟弱將不再是軟弱。如果你造了空中樓閣，你的辛勞不是徒勞無功的。」

這段話詮釋了我想要表達的道理。如果你對自己的工作懷揣夢想，而且矢志不移地朝著它前進，就會獲得你想要的成功。雖然在這條道路上有許多困難，但只要你的內心盤踞更高的目標，困難就不再是困難。

我也曾經有過徬徨期。在那段時間，我總是患得患失，覺得自己懷才不遇，好像怎麼努力都沒有用，於是遲遲不肯付出行動。後來我痛定思痛，竭力從負面情緒中走出來，才發現以往擺在眼前的困難，只不過是浮雲。

沒有什麼比腳踏實地的努力更加重要，只要開始行動，就會發現沒有任何事可以阻擋你前進的步伐。

挑戰難做的事，不斷磨練心志

「天將降大任於斯人也，必先苦其心志，勞其筋骨，餓其體膚，空乏其身，行拂亂其所為。」這是許多人耳熟能詳的孟子名言。

對業務員來說，磨練心志是實現成長的重要一環，具體來說，是要有恆心、耐心及決心，多嘗試自己不喜歡或不擅長的任務，因為這些都有助於成長。

如今回想沒有分到電話栗子的事，我不但不再抱怨，反而充滿感恩。正是當初那些看起來難以跨越的困難，逼著我快速成長，才有今日的成績。

心法3【發揮潛能】設定高業績目標，逼自己堅持到最後

在角逐阿里鐵軍業務冠軍的PK時期，每個團隊和業務員都進入戰鬥狀態。受到這種氛圍感染，我更是每天充滿激情。

記得有一個月，我在月初訂定的業績目標是三百五十萬元，而團隊的總業績目標是五百萬元。想要一個人完成整個團隊七〇%的目標，在很多人看來是瘋狂的舉動。但到了當月月底，我如期達成三百五十萬元的業績目標。

說這個故事的目的，不是炫耀我多麼厲害，而是想告訴你：我付出超越常人、超越過去的努力，才得到這樣的結果。

每個人都有無限的潛能，但是潛能就像冰山底下的火種，未經點燃很難發揮能量。**好業績都是被自己逼出來的。所謂的「逼」，就是在感覺已到達極限時，仍然相**

信自己具有隱而未現的巨大能量。

有些業務員抱著「三天打漁兩天曬網」的心態開發客戶，一旦覺得好像沒戲可唱，就馬上轉移目標，如此長久下去，很難斬獲出色的業績。他們對業務工作沒有進取心，最後往往以「自己不適合做業務」為理由出逃。

如果你總是給自己一條退路，給自己妥協的理由，只憑著心情和感受，判斷做得到或做不到，便永遠無法取得好業績，更難以成就新的事業。

事實上，在我把業績目標訂為三百五十萬元時，我也知道憑著當時的經驗和客戶量，其實很難達成，因為那幾乎是我平常兩個月的業績總和。我的內心曾閃過些許懷疑，但是瞬間被擁抱挑戰的激情壓制下去。**我告訴自己：「如果你還沒努力就說不行，你將永遠不行！」**

如今回想那段時光，我還是覺得熱血沸騰。全身全心為一件事，做出超越自己極限的努力，會帶你進入一種忘我的境界，感到酣暢淋漓，對未來充滿自信。

目標看似高不可攀、難以企及，但只要你傾注激情，天天想著「我要超越昨天的自己」，就會將能力激發到極限，從而引爆業績。

稻盛和夫碰到困難時，總是激勵自己：「認為已經無能為力了、認為已經黔驢技窮了，這不過是前進過程中的一個節點。堅韌不拔，使出渾身解數，絕對能成功。」如果你不逼自己一把，就永遠不知道自己能到達何種程度；不知道原來自己如此優秀。

要把看似不可能的事變成可能，如果按照一貫的做事方法，很難取得突破。所以，這裡介紹幾種「逼」自己一把、激發潛能的做法。

幫自己設定一個高目標

你是一個工作狂嗎？你曾經為了什麼事情全力以赴，甚至達到忘我的境界？如果你沒有這種經歷或體驗，說明你沒有逼自己一把的概念。不少業務員總是把目標設定在「差不多」的標準，然後做著差不多的工作，最後拿著差不多的工資。

目標決定你能達到的高度，這個目標既要脫離實際，又要基於實際，不能超出太多。過度脫離實際的目標不過是空中樓閣，仰望得太久，只會讓你感覺疲憊。因此，業務員制定目標時，要在原有的基礎上做加強，而不是憑空隨意設定。

舉例來說，以往你的月平均業績是五十萬元，這個月你定下一百五十萬元的業績目標，就是需要逼自己一把才能完成的挑戰。但是，如果你把這個月的目標定在五百萬元，顯然就是不切實際。

打破原有的狀態，逼自己做出改變

成語「不破不立」的意思是，唯有打破原有的規則，才能夠創建新的法則。逼自己一把就是要打破原有的自己，重新塑造新的自我。

假設你原有的狀態是會不自覺地選擇放棄，例如：今天因為時間被耽擱，導致拜訪量比較少，就心安理得地將今天的任務留到明天再做。如果你維持這樣的狀態，永遠都在放自己一馬，很難取得長足的發展。因此，你要打破原有的自己，逼自己做出改變，這包括兩個方面。

首先，要告別懈怠的思想。一時爭取不到的客戶，要積極思索別的方法去爭取，不要怕吃苦受累，更不能陷入畏難的情緒。正因為業績是自己逼出來的，所以你要隨時監督自己。

其次，要告別自己過去的狀態。假設你原本一天拜訪十名客戶，現在設定的目標是一天拜訪十二名客戶。當你切實完成這個目標，將會驚奇地發現，原來自己可以做到這種程度。

客戶數量是決定業績的關鍵指標，如果你希望獲得更多成交機會，就要拜訪更多客戶，以一種充滿激情的狀態不斷提高目標，逼自己做出更好的業績。

堅持到目標完成的最後一刻

「冰凍三尺，非一日之寒」，這句話強調時間和堅持的重要性。每天不厭其煩地做好一件事，十分需要耐力，對業務員來說也是如此。

我遇過不少業務員，第一個星期很有幹勁地想要做出改變，之後慢慢退步成得過且過的狀態。他可以逼自己一天、兩天，甚至一個星期，可是無法長久維持下去。

逼自己就是從訂定目標的那一刻起，直至完成目標的最後一刻，都不能鬆懈。要一日一日、一步一步嚴格要求自己，在昨天的基礎上進行改進，永遠付出不亞於昨天的努力。當你把努力和堅持當成一種習慣，並且持續保持這種習慣，就會取得巨大的進步。

所有成功的背後都是咬牙堅持的過程，若你過分縱容自己，最後的業績就會對你很殘忍。多逼自己一把，就會多收穫一點，但是在收穫之前，你要不斷耕耘。

心法4【敬業】抱持專業態度，從4方面提升競爭力

在我真正進入業務這個行業之前，曾經和許多人一樣，以為業務工作很簡單，只要跑得勤、會說話就可以勝任。我一路走到今天，再也不會有這種想法。任何一份工作，都值得你以專業的態度去做到最好。

《尚書》中寫道：「功崇惟志，業廣惟勤。」這句話的意思是，取得偉大的功業是由於有偉大志向，完成偉大的功業是由於辛勤工作。缺乏敬業精神的人很難在事業上取得長足的發展，因為他總是敷衍了事又拖遝，經常推卸責任、不思進取。這樣的人往往把業務工作當作「退而求其次」的選擇，因此很難全心投入，也難以高標準要求自己。

敬業是把工作當成自己的事情去完成，把工作當成自己的事業去發展。除了要善

盡職責，還要以專業的態度實現更高的目標。

從我個人的經驗來看，若要保持敬業、更加專業地做好自己的工作，一定要做到以下幾件事情。

肯定自己的工作，找到使命感

無論你是公司CEO，還是普通業務員，都要看重自己的工作，從中獲得價值感，都要肯定自己的工作，肯定它對你的意義。

業務工作不只是「賣東西」那麼簡單，而是在協助客戶解決困難的過程中，推銷自己的產品，這就是業務工作的價值和意義。

業務員不只是「賣產品」的人，敬業的業務員之所以廣受歡迎，不僅是因為他們能對企業負責，更是因為他們意識到一種使命與責任，進而對自己的工作充滿認同感和成就感。

樂於付出時間、精力和創意

敬業的人會把工作當成自己的事業，而非公司安排的任務。敬業的人有很強的自主性，願意付出時間和精力，去思考如何做得更好，而不是應付了事。

舉例來說，普通的業務員在拜訪客戶後，不會做回顧反省，他們把工作標準定義為完成每天的拜訪量。相較之下，敬業的業務員願意付出時間和精力，做好每一次拜訪的記錄與回顧反省，分析客戶行為和拜訪的得失，以期下次有更好的表現，取得更理想的成績。

除了付出時間和精力，敬業的人還樂於付出自己的創意。他會為公司的發展著想，誠摯地向公司提出建議，並表達自己對本分工作的計畫與憧憬。

當你在工作上多盡一份心力，就會多獲得一分回報。說到這裡，我想到一個真實故事。

在電視連續劇《水滸傳》中，扮演和尚魯智深的演員臧金生，為了讓自己的形象更符合原著小說，刻意在短時間內增肥，每天吃十幾顆雞蛋，飯前飯後都吃一把酵母片，睡覺前還要喝幾罐啤酒。在這種策略下，他很快就增重五十多公斤。

當時，臧金生身邊的人都勸他：「你這樣會吃壞身體。」但是他並不後悔，還說：「我這麼做，一是要對得起古人，老祖宗給我們留下那麼好的文化遺產；二是要對得起『上帝』，尊重觀眾就得拿出行動；三是要對得起藝術家的良心，這是我們自己的事業。」

正是因為臧金生的敬業精神，我們才能在電視劇《水滸傳》中，看到一個非常符合小說原著，飽滿立體的魯智深。

唯有帶著樂於付出的敬業精神去工作，才能真正心甘情願在行業中保持前行，最後獲得你想要的成就和榮譽。

在4個方面堅持學習，提高競爭力

業務工作的競爭非常激烈，每天都會聽到某某人突破△△萬業績，某某人拿到銷售業績第一名。在競爭如此激烈的行業中，如果你自亂陣腳，毫無頭緒地四處忙亂，只會心力交瘁。

想要提高競爭力，不被行業淘汰，最好的辦法就是堅持學習。一個人唯有不斷學習，才能在本職工作上有所提升。具體來說，你可以從四個方面開始去做。

建立「活到老，學到老」的思想。你要從骨子裡堅持學習，若懷著「無利不起早」的心態，只為了有利可圖而學習，學習效果往往不扎實，很難承受現實的考驗。

培養閱讀、觀看新聞的習慣。盡可能了解正在發生的重大事件，包括財經、社會、金融等方面的新聞。這些資訊不僅可以補充你的知識庫，更是你和客戶談話時的話題泉源。

養成系統化學習的習慣。看新聞、閱讀網路文章都屬於碎片化學習，雖然能在短時間內提升資訊量，卻無助於長期的成長。

真正能促進個人長期發展的是系統化學習，包括閱讀書籍和參加培訓課。比如說，你可以在晚上睡前花半小時至一小時，深度閱讀銷售學、管理學、心理學、社會學等方面的書籍，或是定期參加業務技能、管理技能方面的培訓課程。

時常回顧反省。讀書要反思，日常的業務經驗也要回顧反省，從中獲得新的想法和技巧，不斷提升自己的能力。此外，可以積極向同事、主管請教，多與他們交流並做出總結，集百家之長，納千家之能。

創造屬於自己的意義，讓你熱愛工作

稻盛和夫曾說：「想擁有一個充實的人生，就要想方設法讓自己熱愛現在的工作。一個人能碰到自己熱愛的工作的機率恐怕不足『千分之一』，與其迷茫地找那份工作，不如腳踏實地地幹好現在的工作。我就是從事一份自己曾經想放棄的工作，最後堅持下來，才創造出大家熟悉的京瓷公司。」

這是稻盛和夫成功的秘訣，也是每個業務冠軍成功的秘訣。成功從來沒有捷徑，必須投入全部的熱情才能換得。

在我看來，熱愛自己的工作會具體表現在以下兩個方面。

一是你發自內心地喜愛你的工作。把工作當成自己不斷追求的事業，而不是養家糊口的差事。前者是主動的，後者是被動的，主動能帶來積極態度與正能量。

二是能在辛苦中感受到工作的意義。業務工作不僅需要每日奔忙，還要經常面對客戶的拒絕、質疑等等，但如果你還是能感受到工作的意義，再辛苦也會覺得幸福。當然，這一切都是因為你熱愛自己的工作。

當一個人對自己的工作自發地產生敬意，以專業的態度去做事，他會得到意想不到的成果與發展。

心法5【擁抱變化】皮實的人適應力強，成長速度最快

二〇〇九年，我因為業績突出而晉升為業務主管，之後無論是工作環境或工作內容，都是新的開始。我感到既忐忑又期待，不確定是否能勝任，但是我沒有太多時間猶豫和適應，必須立刻打起精神，快速進入新的角色。

皮實不只是耐操，也是有彈性

現代企業在用人方面，已經告別過去「一個蘿蔔一個坑」的時代，開始尋求全能型的人才。也就是說，**未來企業最需要的人才，是無論被放在哪個職位，都能適應良好的人。我們把這樣的人稱為「皮實」的人。**

皮實是指物品堅固耐用，或是身體強健結實。換句話說，要稱得上皮實，你必須是抗擊打能力強，能經得起風吹雨打，你必須像一塊磚，哪裡需要哪裡搬。

說到皮實，我感受最深的就是阿里鐵軍的輪崗制度。輪崗制度從阿里鐵軍建立之初就存在，公司內部一直嚴格實行。幾乎每個想要獲得提升的管理人員，都必須完成接班人計畫，並且具備輪崗經歷。

曾任阿里巴巴B2B（business to business，企業對企業）公司營運長的李旭暉，對於輪崗制度感悟頗深：「現在的大區經理都是從第一線業務走過來的，崗位調動讓他們重新歸零，重新開發新市場。從上海調廣州、從廈門調青島、從寧波調深圳，每個人都是二至三年內調動五、六個地方，每次調動都牽涉到家屬和人際關係。調令下來得很倉促，儘管反應時間有限，這些區域經理聽到調動，基本上一天之內就能搞定。他們接到調令，第一句話就是『什麼時候出發？』」

這就是皮實。敢於擁抱變化，無論被放到哪裡，都能很快地適應、很好地完成工作。越是皮實的人，越能做出更好的成績，實現更大的突破。

皮實的人直面指責，快速取得進步

在旅悅集團，有「大聲說話」和「遇事三不問」的文化。哪三不問呢？第一不問職級，第二不問動機，第三不問方式。也許在很多人看來，這種三不問原則會讓人心裡不舒服，但這正是我們強調的皮實，也就是內心不脆弱、承受力強。

皮實的人在一起做事會直來直往，辦事效率高，彼此之間的相處也會變得簡單。說到這裡，我想起一件印象非常深刻的事。

有一次，我要部屬邀請網紅為分店做宣傳，因為這件事情是臨時決定，部屬的想法是以較低的預算完成，於是他花不到一千元就拍好兩家店。我看到照片效果和搭配文案的品質非常差，頓時火冒三丈，在通訊軟體上斥責部屬辦事不力，而且看部屬沒有立刻回覆，又打電話過去責備。

如此周而復始地持續三天。第四天，我把部屬叫到會議室裡訓斥，因為我們請網紅模特兒來拍照，就是想要創造「顏值經濟」，如果一切都弄得不夠美，模特兒不夠美、照片拍得不夠美、搭配的文案也不夠美，這件事還不如不做。

之後，部屬沒有對此心懷怨恨，而是很快地按照我的要求調整宣傳計畫，重新拍攝精美的照片。當我看到他遞交上來的成果，立刻為自己之前的衝動感到抱歉，但是他說：「強哥，如果這樣就承受不了，要怎麼說自己皮實？」

在旅悅集團，人人都會把皮實掛在嘴邊、放在心裡。不只是普通員工，各級主管面對批評和指責時，也都是不問職級、動機及方式。如果你把大量的時間和精力花在交流的遣詞用句上，總想著該如何說才不會傷害彼此的感情，用來解決問題的時間和精力就會變少。

面對他人的指責而不過分玻璃心，這就是成長。如果不夠皮實，很難快速勝任新的角色，快速取得成長，做出新的成績。

軟硬實力都強大起來，成為最好的自己

業務員若想讓自己的事業躍升到更高層次，看到更多可能性，就要讓自己變得皮實。這包括以下三種素質。

◆素質1：內心強大

被放在哪裡都能夠勝任的人，一定是內心強大的人。這樣的人在面對未知的前途時，不會受迷茫或畏懼之心影響。

你要勇於接受變化，以積極的心態擁抱變化。不少業務員在面臨新的調任時，還沒開始就預設各種困難，結果被自己想像出的障礙唬住，以至於喪失勇氣。在這樣的狀態下，如何能做好工作？

除了不畏懼變化，業務員還要增強自己抗擊打的能力。變化意味著未知，即便抱著最大的勇氣和信心，仍無法避免挫折與障礙。要鍛鍊百折不撓的精神，不能因為一時的不適應，而全盤否定自己的能力。

最後，內心強大還表現在告別自己的玻璃心，隨時準備好接受挑戰。業務工作註定充滿挑戰，如果你遇到困難就玻璃心發作，不能以新的標準嚴格要求自己，將難以在變化中生存發展。

◆**素質2：適應能力強大**

想要成功擁抱變化，不論被放到哪裡都能夠勝任，業務員一定要提高自己的適應能力。這可以從幾個重要方向著手。

首先，從心理上適應環境。面對新環境不要害怕或焦慮，要給自己足夠的信心，相信自己在新的位置上能適應得很好。你可以積極暗示自己：「困難都是假的，只要我靜下心來解決，一切都會有辦法」、「沒有什麼能真正阻擋我，除非是我自己先繳械投降」、「再難的工作也是人創造的，當然可以由人去解決」。

其次，先做一些力所能及的事情。不少業務員被調到新的職位後，想要大展宏圖，便急著做出一番成績。這當然無可厚非，但是凡事不宜急於求成。為了更好地適應新環境，最好先做一些力所能及的基礎工作，一方面可以提升信心，讓後續的工作更好展開，另一方面也可以在過程中深入了解新職位的現況，以探索更好的機會。

最後，不要給自己貼標籤。到了新的職位，不要為自己設限。適應能力是在不斷的嘗試和失敗之中鍛鍊出來，所以對於自己暫時無法做到的事情，不要急於給自己貼上「我太笨」、「我能力不行」、「這我永遠也做不到」的標籤，來限制自己。

◆素質3：能力強大

除了要做到身心上的強大，業務員還需要具備能力上的強大，也就是擁有勝任新的職位、身份及工作的能力。因此，業務員平時要多多涉獵各方面的技能，不斷補充、更新自己的知識庫。

我有一個同事特別善於學習，經常把「機會都是留給有準備的人」掛在嘴邊。他認為，只有平日不斷累積個人能力，多問、多學、多看、多做，等到機會真正來臨時，才能牢牢把握住。事實證明，他的想法十分正確。由於長期的累積，他的工作表現非常突出，成長特別快，現在已經是我在旅悅集團的得力助手。

在職業生涯的每一步，我都積極擁抱變化，不斷地在挑戰中獲得機遇、實現自我。正是因為有了皮實的精神，我才能從平凡業務員，快速成長為業務冠軍和業務主管。

心法6【跳出舒適圈】主動去做花點力氣才能完成的任務

二〇一〇年，我的業績始終保持在團隊中的頂尖。此時我面臨兩個選擇：停在原地享受安逸，或是繼續向上衝、挑戰自己？我選擇後者。

人似乎習慣待在自己的舒適圈，在這個無形的圈子裡，有熟悉的工作和環境、慣常舒服的生活方式，可以做擅長的事情，而且絲毫沒有壓力。這種生活當然很開心，但是「人無遠慮，必有近憂」，如果長期處於這種舒適的狀態，往後可能要面臨更多問題。

你一旦選擇舒適，在某種程度上就放棄拼搏，舒適感會讓思維和行動漸漸形成慣性，慢慢吞噬掉前進的空間，時間一久，就會喪失原本應該擁有的野心和動力。

當完成業績目標對我來說已不構成太大壓力時，我清楚地知道，不能放任自己被舒適圈吞沒。即使突破舒適圈、前往未知的方向會很費力，我也要堅定地向前奮進。

芝加哥心理學家米哈里・契克森米哈伊，提出著名的「心流理論」。「心流」是指人們專注於某件事的心理狀態，會讓人強烈產生的興奮感和充實感。這個理論認為，最能讓人進入心流狀態、獲得幸福感的事情，是那些「處在自身能力和挑戰之平衡點」的事情。

如果能力強而任務簡單，人們會覺得無聊。相反地，如果能力不足而任務複雜，人們會陷入焦慮。只有在任務難度正好「需要花點力氣才能完成」時，人們的創造力最強、熱情最高，完成這件事情得到的成就感和幸福感也最大。

所以，要告別舒適圈，多嘗試「需要花點力氣才能完成」的任務，讓自己持續處於積極奮進的狀態，給自己一個有前景的未來。

娛樂無罪，但要戒掉無意義的娛樂

不少業務員將大把時間浪費在毫無意義的娛樂，例如：打遊戲、追劇、睡懶覺，這些事情帶來的舒適感會麻痺人的神經，讓人逐漸沉溺且難以自拔。至於提升自我、奮進向上這些事情，則被無限延後，甚至完全放棄。

並不是完全禁止娛樂，適當的娛樂有助於放鬆身心、緩解壓力，可以成為正常的愛好或休閒。

我曾有位同事每逢業績壓力大，就喜歡通宵看足球比賽。他說：「你絕對體會不到，在夜深人靜的時候，跟著每一次進球興奮、吶喊的感覺有多爽！」剛開始我們都覺得，這樣的放鬆方式也不錯，但事情很快就失控。

因為迷戀那種爽感，漸漸地，他在工作上的任何挫折和煩惱都成為壓力，都需要藉由通宵看球賽來緩解。因為經常通宵，他的精神狀態大不如前，業績也大幅下滑，而這導致壓力加劇，使得他越來越需要通宵看球賽。他似乎掉入奇怪的迴圈，變得越來越痛苦。

在無線網路時代，尤其是隨著5G技術的來臨，人們只需要一支手機就能隨時隨地從事娛樂，例如：瀏覽新聞、玩小遊戲、看影片，這些看似只花幾分鐘、幾秒鐘的娛樂活動，很可能因為我們不知不覺地沉迷，而不斷消耗時間和精力，也消磨我們的意志。

因此，如果業務員要告別舒適圈，首先要學會控制自己，擺脫過去的習慣，戒掉無意義的玩樂，把時間用在提升自己和挑戰自我上，不斷地走出舒適圈，完成更高的目標。

想像未來情景，保持適當的焦慮感

人一旦缺乏焦慮感，就會進入停滯狀態。不少業務員總是覺得當前的狀況「還可以」，多成交或少成交一個客戶，並沒有多大的影響，於是過度滿足於現狀。這顯然不是頂尖業務員應該有的狀態。

這裡，我分享一個案例。網易的創始人丁磊在大學畢業後回到家鄉，找到一份人人稱羨的鐵飯碗。在電信局的工作待遇很好，他和大多數人一樣過著按部就班的生活，日子雖然平淡，但是舒適安穩。

然而，在家鄉待了兩年之後，丁磊覺得這樣的日子一成不變，而且自己還很年輕，於是毅然決然地辭去鐵飯碗，想要出去闖一闖。

後來，丁磊成功創辦網易。雖然歷經千辛萬苦，但是結果令人稱羨。他說：「這是我第一次開除自己。人的一生會面臨很多機遇，每一次機遇都要付出代價。有沒有勇氣邁出第一步，往往是人生的分水嶺。」

丁磊之所以有如今的成就，是因為他不斷掙脫舒適圈，放棄安穩、迎接挑戰，牢牢地將選擇權和機會掌握在自己的手裡。

不少大學生畢業後選擇投入業務工作，但他們年紀尚輕、缺少歷練，很難成就出色的業績，結果只能拿著不高不低的工資，每天都過著一樣的日子，生活和事業都了無滋味。

如果你也陷入這種狀態，不妨問問自己：「如果公司實行淘汰賽制，我有多少勝算？」「如果維持這樣的狀態，三年後的我會是什麼樣子？那是我希望看到的樣子嗎？」「五年後，我還只是一個普通業務員嗎？」

多思考未來的問題可以激發焦慮感，督促自己放棄舒適圈，為了長久的發展而付出努力。

努力必須加上持久的3種狀態

如果要放棄舒適、選擇拼搏，必須維持心中的激情，保有對夢想的期待與追求，否則跳出舒適圈，只會變得無所適從，甚至覺得疲憊而失去信心。想要做出持久有效的拼搏，你需要做好規畫，並且保持積極、激情和主動的狀態。

保持積極，因為拼搏的過程肯定不是一帆風順，你要有承受失敗的能力，積極面對困難和挫折。業務員無論在工作中遇到什麼狀況，都不要忘記維持積極的態度，這有助於克服許多困難。

保持激情，因為激情會幫助你把挫折看成有待克服的挑戰，讓你身處黑暗卻心存光明，身處絕望仍尋找希望。為了保持激情，業務員要讓自己的體力和精神充沛，每天都鬥志滿滿。

保持主動，也就是相信自己所做的一切，都是為了更好的生活而主動付出努力，而不是被動受到外界的督促。

多做一些不喜歡的事情

一般人喜歡做輕鬆、能快速得到愉悅感的事，不喜歡做困難、耗費精力且很難帶來愉悅感的事。但事實上，只有多做自己不喜歡的事情，才是真正的拼搏，才能獲得長久的愉悅和成長。英國名作家毛姆說：「為了使靈魂寧靜，一個人每天都要做兩件他不喜歡的事。」我對此感觸頗深。

我會每天刻意做一、兩件自己不願意做的事，以追求內心的平靜，不必為未知的未來過分焦慮。在我看來，一個人如果總是做自己喜歡的事情，很難獲得新的成長，而且在舒適圈待久了，更不願意嘗試困難的事情。

人生應該不斷探索，對新鮮的事物保持好奇心，為實現更高的自我而努力奮鬥。等你真正實踐這一點，你將會發現，這是一種從未獲得的快樂和滿足。

現在的我很感謝自己在應該拼搏的年紀，選擇拼搏而不是舒適。我相信不斷挑戰自己的舒適圈，為訂定的目標努力奮鬥，會解決掉很多以後需要面對的煩惱，獲得更有意義的人生。

心法7【正能量】忍不住抱怨？5方法訓練積極心態帶來好運

正能量是一種強大的精神力量，能夠為給你帶來好運，引導你走向好的結果。但在現實中，很多業務員經常愛抱怨，總是散發負能量。他們不但抱怨主管和同事，也抱怨自己的生活。沒有人可以在這種狀態下獲得好業績，更不可能獲得幸福感。

什麼樣的人喜歡抱怨、習慣散發負能量呢？答案是過得不好的人，以及無法專注做好自己喜歡的事情的人。這樣的人無論做什麼工作，無論身居什麼職位，都會成為失敗者。

失敗者在自己不喜歡的人和事情上浪費時間，在毫無意義的抱怨中耗費生命，真正有能力的人都專注地做自己喜歡的事情，根本沒有心思應付失敗者的抱怨。

業務是一種不斷挑戰自我、遭遇困難的工作，如果你想要持久前行，保持正能量是不可或缺的。根據過往經驗，我總結五個幫助業務員訓練心態、停止抱怨的方法。

正向的人都習慣經常反思！

「吾日三省吾身」，業務員要做到每日反思，不斷反省自己的言行和工作狀態，從中得出新的領悟。這對個人的成長非常有用，要思考以下問題：

- 我為什麼要抱怨？
- 我每天花了多長時間抱怨？我從抱怨中得到什麼？
- 我自己有什麼地方需要改進？我還有哪些地方做得不夠？
- 有沒有更好的方法可以解決問題？
- 我有沒有讚美或表揚別人？我有沒有檢討自己？
- 我有沒有為自己的所得感恩？

一昧抱怨的人會在思想上搖擺不定，進而在工作上敷衍了事，使自己的狀態越來越差，工作成果越來越低劣。因此，我們要透過每日反思改變自己，用積極的心態面對工作中的磨難。

反思要從積極正面的角度著手，而不是鑽牛角尖。不少業務員越反思，越覺得命運對自己不公，於是自怨自艾，喪失奮鬥的動力。假設你回顧一天的工作表現，把沒能成交的原因歸究為客戶挑剔難纏，這樣的反思就是消極負面的，不僅沒有價值，反而會消耗能量。

積極正面的反思應該是從自身出發，檢視自己的言行和心態、策略和技巧，發現可繼續保持的優點，以及需要改進的缺點。這樣的反思，才能促使自己奮發向上。

把抱怨的時間拿來提高自身能力

這裡提供一則有趣的故事。雨後，一隻蜘蛛艱難地爬向牆上支離破碎的網。由於牆壁潮濕，牠總是爬到一定的高度就掉下來，於是牠一次次地向上爬，又一次次地掉下來。

第一個人看到了，深深歎一口氣，說道：「我的一生不就像是這隻蜘蛛嗎？忙忙碌碌無所得。」於是他日漸消沉。

第二個人看到了，卻被蜘蛛屢敗屢戰的精神所感動。於是他打起精神變得堅強，最終取得成功。

面對同一件事，第一個人悲觀、消極、充滿負能量，第二個人則是樂觀、積極、充滿正能量。兩人看待問題的心態截然不同，最終導向的結果也天差地別，前者鬱鬱寡歡而失敗，後者則是走向成功。

你絕對不會因為抱怨，而變成更好的自己。與其把時間花在毫無意義的抱怨，還不如利用這些時間提高自身能力，讓自己獲得成長。

「有能力走遍天下，無能力寸步難行」，業務員若想要提高能力，可以多閱讀與自身專業有關的書籍、多拜訪客戶、多參加技能培訓班、多和同事交流經驗。

我就是這樣走過來的。把抱怨的時間用於提升自己的能力，最終發現一切都朝著好的方向前進。慢慢地，我的客戶越來越多，成交量越來越大，業績也越來越好。

抱怨前先問自己「是否夠努力？」

在抱怨之前，不妨先問自己：「我是否夠努力了？」很多時候，不是別人對你不公平，而是你不夠努力。若想得到自己理想中的公平，最好的方法就是用努力改變現狀，用事實證明自己，用能力創造公平。

馬雲有一段話說得很好：「心態決定姿態，從而決定生活狀態。世界本來就是不公平的，也沒有人是完美的，你的職責是比別人多勤奮一點，多努力一點，多有一點理想。」

有些人經常將別人的成功歸因於運氣好，或是走捷徑。事實上，這只是藉由將別人的成功視為運氣，來擺脫自己本該付出的努力。我見過很多這樣的人，他們往往思想偏激、充滿負能量，最終黯黯消沉，直至完全放棄。

所以，每當你想要抱怨時，要先問自己是否足夠努力。如果你沒有付出努力，沒有收穫也是再自然不過的事情，因此你更沒有資格抱怨。

把困難當成對自我的挑戰

很多人在面對困境時，總是抱怨命運不公，我在沒有分到電話栗子的那段期間，也曾經陷入這樣的負面情緒。但是，如果轉換心態，就會感謝命運安排的挫折，讓自己意識到不能這樣無知無能地過日子。

在面對不利的環境或是難題時，若能積極一點，將困頓當作磨練，抱著希望完成工作，將會獲得內心深處的巨大力量。

戒除抱怨惡習的解方，是少說多做

抱怨或是怪罪他人，其實都是無能的表現，只會讓你變得歇斯底里和難以自拔。停止抱怨、改變現狀的唯一方法，就是讓自己行動起來。

只有在工作中充分挖掘自身潛能，發揮自己的才幹，才能在自我成長的過程中，實現人生的價值。

正能量是一種神奇的力量，能夠讓你用樂觀、積極、冷靜的心態，面對工作或生活中的困難，進而更好地解決問題。在從事業務工作的日子裡，我無論處於何種身份和境遇，都以強大的內心和充沛的正能量去面對挑戰。因此，我能走到如今這個位置，完成這些成就，正能量是最重要的原因之一。

業績突破秘笈

☑業務工作最重要的不是取得業績，而是保持激情，為每一天的奮鬥感到幸福。

☑比起戰勝源自客戶、環境的困難，戰勝內在心魔更是業務能力成長的關鍵。

☑不要花時間揣測，萬一失敗了該怎麼辦，而是要立即行動。

☑好業績都是自己逼出來的。要以充滿激情的狀態，不斷提高目標，逼自己做出更好的業績。

☑業務工作註定充滿挑戰，遇到困難就玻璃心發作的人，將難以在這個行業生存發展。

☑成功者忙著追求自己的目標，失敗者卻忙著在抱怨中浪費生命。

☑與其將大把時間花在抱怨上面，不如把這些時間用來行動，不斷提升自己。

NOTE / / /

NOTE

/ / /

我享有的任何成就，完全歸因於對客戶與工作的高度責任感，不惜付出自我而成就完美的熱情，以及絕不容忍馬虎的想法、草率粗心的工作和差強人意的作品。

——李奧・貝納

Chapter
3

會帶團隊賺更多！
超業CEO
傳授6招帶人訣竅

主管要發揮「蟻群效應」，讓團隊分工更有效率

晉升為業務主管，是每個頂尖業務追求的下一個職涯目標，對我來說也不例外。二〇〇九年，我在年初剛坐上業務主管的位置時，不懂得如何帶領團隊，只知道每天帶著部屬去拜訪、簽約，幫助他們完成業績目標，希望他們從實際的經驗中獲得成長。然而，當主管並不如我想得那麼簡單。

那時我剛拿到全國業務冠軍，各方面的狀態都非常好，當月成交二、三十個客戶，拜訪量也很高。然而，我的團隊成員大多是新人，毫無經驗可言，我每天晚上都帶著大家，梳理第二天要拜訪的客戶資料，隔天再陪著他們一家一家登門拜訪。

在我看來，業務銷售管理是沒有體力就很難堅持的工作。很多時候，梳理資料結束時已經快要晚上十一點，我還要做自己的工作，而第二天又得很早出發拜訪客戶。

每一天的時間安排都很緊湊，基本上只能在車上休息，甚至偶爾要自己開車，身體實在非常疲憊。

除了體力之外，還需要腦力。體力讓業務主管能充滿激情地帶領團隊，腦力則讓他們能思考快速達成團隊目標的方法。身為業務主管，保持頭腦清晰尤為重要。有些時候，你花費很多力氣和時間都無法完成一件事，很可能就是因為缺乏思考。

帶領團隊是腦力活，而且要把焦點放在培養部屬上，這才是管理工作的核心。當你成為管理者，平常不僅要思考自己如何取得業績，還要思考如何幫助部屬獲得進步，如何讓他們感到努力有所回報。只有全心全意地為部屬考慮，他們才會心甘情願地跟著你，和你一起馬不停蹄地奔波。

拚體力，讓員工心服口服

不少業務員在晉升為管理者之後，經常神龍見首不見尾，部屬很難見到他。事實上，剛晉升到管理階層的人應該要手腳勤快，多與部屬互動，多帶著部屬拜訪客戶，像師傅帶領徒弟一般，將過去積攢的經驗和技巧都傳承下去，而且這也是你總結經驗的好機會。

在這個階段，你最大的競爭力就是你的經驗，然而經驗極容易丟失，只有做好總結，經驗才可能真正屬於你。所以，**不要認為自己當上團隊的管理者，就可以翹起二郎腿，坐在辦公室裡發號施令，你真正應該做的是行動起來，在帶領和指導部屬的同時實現自我提升**。

在這個過程中，你可能要付出比以往更多的體力。過去你只要完成自己當天的任務，現在你要幫助團隊每個人完成任務。只要還有一個人沒有完成任務，你就要繼續行動，帶領並指導他。

由此可見，做好業務主管的第一步是保持良好的體力，否則很難跟上整個團隊的節奏和方向。當然，業務員或業務主管並不是天生體力充沛，而是需要不斷地鍛鍊，維持良好的作息，才能保持身體強健有力。

業務工作是一種體力活，你只要動起來，就是在為自己積攢機會。我一直告訴員工，做業務不是靠運氣，更不是坐在辦公室裡等天上掉下大合約。合約都是一步一步跑出來、汗珠一滴一滴累積下來。

如果你每天比別人多打一通電話、多拜訪一位客戶、多做一些回顧反省，幾年下來，你會發現那些多跑的里程數、多滴下的汗水，都變成別人望塵莫及的成績。你會發現，每天打一百通電話的人，比每天打三十通電話的人，成交率還要高出三〇％；每天多拜訪一個客戶的人，年終業績可以高出一倍。

很多業務主管會要求部屬：「一天最少播一百通電話、發十封有效郵件，一週拜訪三個重點客戶、三個普通客戶。」但是，我的要求比這些還要高出一倍，因為你只有比別人更努力，才更有可能超越別人。

後來我還發現，在某種程度上，**每天的體力勞作就是一條磨練、提升心智的道路。如果手腳勤快，能了解更多資訊，擁有更多機會**；如果手腳不勤快，思想很難勤快起來。

拚腦力，發揮團隊最高戰力

你從頂尖業務晉升為業務主管後，更需要腦袋勤快，也就是要勤思考、分析及回顧反省，尤其是思考團隊的分工管理。

在管理學中，有一個理論叫作「蟻群效應」。螞蟻有嚴格的組織分工，而且組織架構具有相當大的彈性。在工作時，牠們不需要監督就可以形成團隊，有條不紊地完成任務。

蟻群效應的重點在於，透過樹立組織結構和分配職務，可以發揮團隊成員的能力。思考如何透過分工，讓團隊有效率地運轉，是業務主管最重要的工作之一。

具體來說，管理者要知人善任，了解部屬的個性，根據他們的特質適當地安排分工。舉個簡單例子，在旅悅集團，有的業務員擅長與連鎖飯店的負責人打交道，有的業務員擅長開發網紅飯店。

依照員工特長分配工作，既能發揮各人所長，又能提升工作效率；相反地，如果讓部屬去負責他不擅長且不感興趣的任務，很可能會事倍功半。

《論語》中有這樣一句話：「己欲立而立人，己欲達而達人」，意思是說，自己要站穩，也要讓別人站穩，自己要騰達，也要讓別人騰達。業務主管就要有這樣的遠見，當你帶好自己的團隊，幫助部屬成功、獲得高業績，你也會獲得非比尋常的成就和滿足。

我還記得，當我帶領的團隊獲得業務團隊冠軍，我和隊友都非常激動。雖然我們在過程中經歷種種波折，但是正因為有了一同出生入死的經歷，我們之間的聯繫變得更緊密，更願意為下一個目標全力以赴。

業務看似人人都能做的職業，但是能做得好的人寥寥無幾。管理工作也是如此，要成為優秀的業務主管，更是難上加難。從當上業務主管的那一刻起，你要告誡自己：要做好業務管理的工作，不僅要拼體力，還要拼腦力！

訣竅1【陪訪】陪同部屬拜訪客戶衝業績，該注意哪些事？

阿里鐵軍有一個「陪訪」制度，讓我至今獲益匪淺。陪訪是指陪同業務員做業務拜訪，是每個業務主管最核心的任務。這不只是一項任務或ＫＰＩ（Key Performance Indicator，關鍵績效指標），而是育人的工作，重點是輔導第一線業務員的成長。

有些業務主管陪訪時，只是徒具形式而沒有用心，導致部屬產生負面的想法：我的主管只是為了陪訪而陪訪，對我沒有實際幫助。

還有一些業務主管「混」陪訪，這也許是出於害怕暴露自己做業務不精，或是害怕在客戶面前出醜的自私心理。這類業務主管嚴重脫離第一線業務的工作，長久下來讓團隊形成「上下皆混」的風氣，不努力做業務，卻擅長逢迎拍馬走過場，最終害人又害己。

勤陪訪並不是嘴巴說說而已，要真正用雙腿行動。在陪訪的過程中，要建立以下幾種認知。

認知一：陪訪的「陪」是關鍵

首先，業務主管需要在現場。主管陪訪不是只陪同進門而不拜訪，也不是讓部屬單刀赴會，自己卻在某個角落玩手機。陪訪是真正陪同部屬拜訪客戶、拓展業務。

對業務新人來說，拜訪客戶的難度很大，尤其是約見客戶。為了幫助部屬快速成長，我在做業務主管時，在陪訪下了很多功夫。

有一次，我和一名部屬拜訪一家工廠，好不容易通過大門警衛這一關，進去後才發現還有前台人員。我們絞盡腦汁，用了一個老套卻好用的方法：部屬藉口要去洗手間，我趁機殺進老闆的辦公室。結果，成功幫助那名部屬簽下第一份合約。

這只是一個特例，很多時候主管無法代勞。舉這個例子只是為了說明，主管要與業務員共同面對困難，而不是置身事外。

此外，陪訪時要善用資源。我在阿里鐵軍負責的外貿項目有劃分行業，我會從產品銷量比較好的行業中，找出成功的客戶案例，接著我會與這些合作關係良好的老客戶聊天，然後把這些客戶案例分享給部屬，幫助他們快速掌握其中的策略和技巧，進而提升業績。

要強調的是，陪訪的目的一方面是讓部屬心裡有底，另一方面是便於及時了解部屬的工作狀況，在必要時給予幫助。但要注意，不要讓陪訪變成變相的監督，徒增部屬的壓力。這需要業務主管拿捏尺度，平時要留意與部屬相處的情形，若彼此關係融洽、有信任感，就會大幅減少他們的壓力。

認知二：主管只是配角，而非主角

在陪訪過程中，業務主管應該把主要工作交給部屬，讓他們挑起大樑，絕對不能全權代勞。在大部分的情況裡，業務主管的主要任務是扮演觀察員的角色，檢視業務流程的每個環節，及時記錄部屬的優缺點，以便在陪訪之後，與他們一起回顧反省。

在觀察業務拜訪的情況時，主要應該檢視部屬如何做開場白、鎖定關鍵客戶、探尋需求、處理異議、假定成交，以及部屬在這些過程中的心態變化。只有對部屬的優點、缺點及背後成因，持續進行標竿學習（benchmarking），才能抽絲剝繭，幫助他們找出績效停滯的癥結，並提供針對性的輔導。

認知三：要控制自己，不輕易參與談判

在實際的陪訪場景中，業務主管即便發現部屬異常緊張、銷售過程不順暢、沒有把握住明顯機會，也不要立即上前處理，表現出一副「你不行，讓我來」的架勢。

要記住，陪訪的主角是部屬，目的是為了讓部屬獲得成長。在大部分情況下，業務主管要讓部屬自己解決問題，不要輕易參與談判。如果情況緊急，業務主管可以適度參與和回應，例如：部屬或客戶向主管確認某些問題時。

所以，當部屬陷入困難之際，業務主管仍要控制想介入的衝動，只有萬不得已才出手相助。

認知四：陪訪分成「跟人」和「跟單」

在跟人方面，對於不擅長談判的部屬，我會用「我說你聽，我做你看」的方式，手把手地指導，並且錄音讓他們對照練習。

在跟單方面，當接洽重點客戶時，我會邀請部屬一起去會談，讓他們了解與大客戶談判的技巧和思維。當接洽普通客戶時，我會依照部屬的能力強弱，分配相應的目標客戶。

無論是跟人或跟單，業務主管在陪訪前都要做好準備。比如說，今天拜訪的目的是協助部屬簽約，就要提前熟悉商家、整個銷售過程、異議之處等等，以便形成談判方案。

認知五：陪訪結束後，及時和部屬做總結

不要以為陪訪結束、完成訂單，就大功告成。每次陪訪結束後，都要及時與部屬

一起分析當天的情況，並做好總結，這才是陪訪的真正價值。

一般來說，做總結的流程是讓部屬先發言，主管後發言，然後雙方達成共識。

首先，部屬描述他對當天推銷過程的想法。主管要觀察部屬是否條理清晰、抓住重點，並要求他分析自己的優缺點。在這個步驟中，大部分業務員都需要主管的輔助，因此主管必須在傾聽的過程中，不時給予回饋，引導部屬分析與總結。

接下來，輪到業務主管發言時，要遵循「三長兩短」原則，也就是提出部屬的三個突出之處、兩個改進之處。

對於突出之處，要積極讚揚肯定，並舉出具體事項，例如：「你今天在見客戶之前，不但備妥充足的資料，還針對客戶的情況準備一套話術，所以你在面對客戶時表現得非常自信。這一點非常好，值得表揚。」讚美得越是具體，對強化部屬優異表現的效果越好。

對於改進之處，哪怕當天需要改善的地方很多，也一定要遵循三長兩短原則，說得比突出之處少一點。分析改進之處時，也要舉出具體事項，而且對事不對人，才能引導部屬進行反思。

提出改進之處的目的，是為了讓部屬認識自己的不足，打從內心認同並接受你的建議。所以，主管提出改進之處時，要先指明問題，再給予建設性意見，千萬不能變成攻擊或批評。

最後，在討論結束之後，業務主管要和部屬一起，針對當天的突出之處與改進之處達成共識。只有達成共識的意見才能化為行動，否則只是口頭上的意見，無法帶出具體作為。

認知六：不定期再次陪訪，並持續矯正

行為矯正可能要花很長的時間，才能看出一點點成效，所以很多業務主管不願意做。但根據我的觀察，優秀的業務團隊都有一個共同點，就是願意在育人陪訪上花心思、下功夫。

成長是一點一滴日積月累的過程，每一個小改變或小進步，都是為了迎接最後的大躍進。因此，業務主管一定要重視後續的持續矯正，否則前面的陪訪、總結等可能

都是白費心力。

以上六項認知，是我總結多年陪訪經驗的心得體會。為什麼要重視陪訪呢？因為業務主管是培育「人」這款產品的設計總監，需要藉著陪訪，持續對準設計遠景圖，判斷「人」的發展現狀是否合乎預期，以期發現並解決問題，提升個體戰鬥力，來增強團隊整體作戰能力。

回顧這些年，我曾基於「全月無陪訪且不報備」的理由，親自勸退一些業績不錯的業務主管。我也曾為了「心存僥倖、虛構的假陪訪」，而開除很多人，他們付出慘痛的代價，甚至影響下一份工作。

多數公司在招募管理職，尤其是中階以上的管理者時，都會進行背景調查。這個圈子不大，隨便向幾個人打聽，就能得知你的履歷與評價。試問，有幾個老闆敢錄用曾做過假陪訪的管理者呢？因此，我建議管理者不僅要勤陪訪，還要掌握正確方法，才能發揮陪訪該有的功效。

訣竅2【檢查】

在業務推動過程中嚴格要求，但對結果釋懷

IBM董事長郭士納說過：「你的部屬絕對不會做你希望他做的事，他們只會做你要求和監督的事。」我在業務管理職上幹得越久，越能深刻體會這句話的含義。

我也曾像很多剛晉升為業務主管的人一樣，不敢檢查、不會檢查，就怕檢查會得罪人。但是，管理者再怎麼勤奮，也只能一天陪訪一、兩個人，不可能同時看到所有團隊成員的工作狀況。漸漸地，我的忽視導致問題頻出，團隊的工作氛圍開始顯得懈怠，客戶關係也一度陷入緊張。

這些問題促使我意識到檢查的重要性。管理者只有掌控部屬的銷售過程，才有辦法取得業績成果。而且，我們無法左右銷售的結果，能控制的只有過程。

勤檢查的好處在於，越檢查越有利於培養管理者與部屬之間的信任感，也有助於

幫助部屬梳理業務邏輯、養成好的工作習慣。此外，藉由檢查部屬的工作，主管可以透過客戶管理系統，掌握銷售過程中的關鍵指標，進而提高成交率。

我經常問自己以下幾個問題：

- 每天早上打開客戶管理系統，你最先看的資料是什麼？
- 如果不寫日報、週報，上司不要求彙報，你會查看拜訪量嗎？
- 晚上見到員工時，會先問什麼？你和員工每週必做什麼工作？
- 你比較關注銷售的過程還是結果？若你比較關注過程，具體上是如何關注？

這些問題幫助我逐漸釐清，如何做好銷售管理的檢查工作。

把握關鍵進度節點，堅持照計畫檢查

管理者在檢查部屬的工作狀況時，要把握關鍵的進度節點，例如：部屬的工作進行到三分之一時。

當部屬推動工作時，要及時溝通遇到的困難，隨時解決問題。比如說，業務員正在與一位大客戶商談，管理者要掌握業務員的計畫、進度，以及所需時間等。

特別要提醒，管理者在檢查部屬的工作時，要堅持「早啟動、晚分享」——在早上的啟動會檢查當天計畫，在下班前的分享會解決當天問題。

不少管理者雖然排定檢查的時間，但是不按規畫做檢查。比方說，定好上午九點檢查員工的當日工作計畫，但後來被別的事情占據，而拖延檢查時間。這種行為無論是對問題的解決或是部屬的成長，都沒有好處。

詢問部屬的工作思路和進展

管理者在檢查部屬的工作狀況時，重點是詢問部屬的工作思路和進展，檢查部屬在當前的工作中是否出現紕漏。

檢查的核心重點是銷售過程，而不是結果。像是「你今天拜訪了幾個客戶？」

「你今天簽了幾個合約？」這類關注結果的問題，無法真正發揮檢查作用，管理者不可能從這些答案中發現部屬的不足。

關注過程的問題應該是「你今天的拜訪路線是什麼？」「你今天最有信心成交的客戶是哪一個？」「你的成交方案是什麼？」「今天計畫成交的客戶是否成功簽約？為什麼？」等等。

唯有關注部屬的工作思路和進展，才能發現部屬真正的優勢和弱勢，針對問題提供輔導，而且才能真正掌控銷售的過程，拿到想要的結果。

針對部屬的難點，提出具體建議

了解部屬的工作思路和進展之後，管理者可以針對具體困難點，提供具體的建議和思路，輔導部屬做出改善。舉例來說，業務員在當天的分享會中提出問題：有一位客戶總是猶豫不決，耽誤很多時間卻還沒有成交。此時，管理者可以回應：「客戶是在你提出某個條件之後才變得猶豫不決，還是一開始就如此？」「客戶有沒有說出內心的擔憂？」「你從客戶的表情和動作，觀察到什麼有用的資訊？」等。

建立主動彙報機制，省時又省力

管理者一個人的精力有限，不可能隨時跟進部屬的工作狀況；另一方面，對於一些部屬來說，由管理者主動發起的跟進會造成心理壓力。基於這些情況，部屬主動向管理者彙報便顯得十分重要。但問題是，部屬一般不會主動彙報，有時候甚至隱藏真實情況。因此，建立主動彙報機制很有必要。

主動彙報機制是指，告別過去管理者分配任務給部屬、部屬按照要求完成任務，然後管理者主動詢問進度的單向傳遞模式，轉變為管理者將任務分配給部屬、部屬同時向管理者回饋進展的雙向傳遞模式。

為了讓部屬主動彙報，管理者要鼓勵部屬積極反映問題，讓他們意識到，及早反映會得到及時的幫助，而不是責難。具體上，管理者可以透過週報及月報、專案週報和月度述職報告等方式，建立主動彙報機制。

舉例來說，管理者將部門的工作月報定期發到LINE群組或直屬上司的電子郵箱，同時要求部屬定期填寫週報表和月報表等，詳細記錄並分析當週和當月需要回饋的事項與問題。

當主動彙報的工作習慣維持一段時間，就會成為一種無形的制度，也會成為團隊高效執行與管理的關鍵。

檢查的目的不是苛求，批評無助於解決問題

每個部屬都有不同的個性和特質，業務主管在檢查工作時，要考慮他們各自的情況，制定不同的檢查方法。一般來說，職級越低的部屬越需要檢查細節，而對於職級較高、理解能力強、辦事效率高的部屬，只需要確認工作方向和大致計畫是否正確。

此外，業務主管要注意避免一些檢查誤區。

一是重結果，輕過程。有的管理者在檢查部屬工作時，一旦發現成果不理想，就立刻嚴厲批評，而忽視部屬在執行過程中遇到的困難和障礙。甚至在整個執行過程

中，管理者都沒有加以追蹤，卻只關心結果如何。

另外，有的管理者只看到部屬的成交量豐厚，就忽視他們的工作過程，於是埋下業務員為了成交不擇手段的隱患。

正確的檢查應該要苛求過程而釋懷結果，要追蹤和檢查銷售工作的每個環節，確保執行過程中的工作態度和方法沒有問題。至於已確定的銷售結果，要儘量釋懷。管理者檢查的目的是為了讓工作順利進行，而不是為了苛責部屬。

二是重對錯，輕行動。我發現不少業務主管過於注重對錯，而忽視實際的改善行動。一味地指摘部屬的錯誤，卻沒有提供改正的建議，只會讓部屬陷入負面情緒，卻依然不曉得該如何解決問題。這樣的檢查不但沒有效果，還會讓雙方的關係變得緊張。檢查的焦點應該放在如何解決問題，讓業務流程更完善，並促使雙方做出積極的行動。

三是重批評，輕輔導。當發現部屬出現不該犯的錯誤時，不少管理者都會批評：「為什麼你會犯這麼低級的錯誤？」事實上，扮演批評者的角色並不利於解決問題。檢查的重點是，讓部屬意識到自己的錯誤，並且給予適當的輔導，讓部屬知道該如何改善。

對管理者來說，苛求過程、釋懷結果是一種態度，也是一種修為。當你將目光從結果轉向過程，反而會取得令人驚喜的成績。

訣竅3【評估】
如何考核成員能力和態度，讓他們揚長避短？

管理者要勤於評估部屬的技能水準，這有兩個好處：一是引導部屬更積極地工作，而不是濫竽充數或消極怠工；二是針對部屬缺乏的技能對症下藥、予以輔導。

那麼，管理者評估業務員時，要考察哪些技能？如何評估技能水準呢？我們要關注兩個重點：工作態度與工作能力。

業務員的服務態度好不好？是否具備責任感？

在工作態度方面，要考察業務員服務客戶的態度，包括業務員與客戶交流時是否遵守禮節、客戶是否滿意業務員的服務，以及業務員是否曾被客訴等等。

我曾有一個脾氣非常火爆的部屬，總是想要讓客戶聽從自己的意見，最常掛在嘴邊的口頭禪是「你不對」、「你這麼想就大錯特錯」。結果，他不僅拿不到訂單，還經常收到服務態度差勁的投訴。

當我了解到這個情況，立刻找這名部屬談話。我告訴他：「記住，一旦我們進入業務戰場，沒有不對的客戶，只有不對的業務員。如果你不認同客戶的言論，你可以保留自己的不認同，但是不能直接反駁客戶，因為那是百害無一利的事情。身為業務員，你的工作是切實找出客戶的需求，指出我們能夠協助解決的問題，讓對方自己去權衡利弊，必要的時候再推他一把。換句話說，你的任務是為客戶的問題提供解決方案，而不是與客戶辯論。儘管客戶的錯誤認知或過度堅持，會阻礙業務進程，你還是要控制住想批評、想糾正的衝動。」

這名部屬很聽勸，很快就意識到問題的嚴重性。他學會了揚長避短，改用溫和的態度與客戶交流，於是業績越來越好。後來，他常常與其他新同事分享這次經驗，告訴他們工作態度的重要性。

除了服務態度之外，**管理者還要評估業務員工作時，是否認真、是否具有強烈的責任心和時間觀念等等。**

具體來說，評估業務員工作態度的依據如下：

- 業務員是否積極拜訪客戶？
- 業務員是否有禮貌地拜訪客戶？（該業務員的好評率和投訴率如何？）
- 業務員遇到問題時，是否主動且及時向上司回報？
- 業務員是否準時拜訪或提前到達客戶地點？
- 業務員是否確實記錄客戶的要求或建議？
- 業務員是否讓客戶覺得雙方交談輕鬆愉快？

管理者定期做評估，才能了解業務員的工作態度，讓他們有意識地修正缺失、發揚優點。

業務員是否具備4種工作能力？

在工作能力方面，管理者要考察業務員的專業能力、溝通能力、危機處理能力和成交能力。

◆評估專業能力

業務員是否具備「以客戶為中心」的銷售觀念？是否具備豐富的專業與市場知識？是否具備熟稔的業務技巧？

◆評估溝通能力

溝通能力是業務員的必備工作技能，甚至比專業能力更加重要。在實際的業務場景中，八〇%的成功源自溝通良好。如果業務員不擅長溝通，他很難打動人心、說服客戶。

有的業務員專業能力非常強，但溝通能力比較差，就像是「茶壺裡煮餃子」，有料卻倒不出來。如果管理者做評估時，察覺業務員缺乏溝通能力，可以對症下藥，培養他的溝通技能。

具體來說，考察部屬的溝通能力時，要關注以下幾點：

- 能否清晰地表達自己的觀點，傳遞出產品或服務的核心價值？
- 能否說服別人認可或接受自己的觀點？
- 是否認真傾聽客戶的發言？
- 能否有效回應對方的發言？

特別要注意，傾聽能力也是溝通能力的重要環節。管理者做評估時，不僅要考察業務員是否會說，還要考察他是否會聽，比方說，是否傾聽客戶的需求、想法、建議及要求，並做好記錄。

◆評估危機處理能力

業務員是否成功地挽回重要客戶？是否降低公司的經濟損失等？管理者要積極表揚這些表現，而不是認為這是員工應該做的分內事。尤其是對公司有重大貢獻的業務員，管理者更應該公開褒獎，強化他們對公司的認同感和榮譽感。

具體來說，評估業務員的危機處理能力時，要關注以下幾點：

- 業務員是否及時意識到危機？
- 從意識到危機，到真正處理危機，中間間隔多長的時間？
- 業務員處理危機時，是否照顧到客戶的情緒？
- 客戶如何看待業務員提供的危機處理方案？
- 我方在這次危機中付出什麼代價？
- 我們成功挽回什麼？

◆評估成交能力

有些業務員將前期工作做得很好，成交能力卻比較弱，總是在最後關頭，遭遇客戶臨時改變主意或猶豫不決。雖然他們拜訪很多客戶，最終成交的卻寥寥無幾。

對業務員來說，成交能力是業績保障。管理者可以根據成交率，了解業務員的成交能力，再分析導致成交率偏低的具體原因，然後針對業務員的弱點，提供相應的輔助或培訓。

評估要客觀公正、頻繁進行

在評估業務員的技能水準時，管理者應結合多方的評價，包括客戶回饋、同事回饋，以及本人自我評價等，才能得出可靠準確的結論。

尤其要重視業務員的自我評估，這有利於平衡他人評價的偏見、誤解和武斷。管理者要與每個部屬面對面溝通，了解他們主要負責的工作內容、當下的重點工作、遇到的困難，以及應對方法等等，而且要讓部屬談談自己在工作上的優點與不足。

有些管理者會戴著有色眼鏡，對自己偏愛、與自己個性相合的部屬格外寬容，對與自己個性不合、互有矛盾的部屬要求嚴苛。這種做法不僅收不住人心，還會將真正努力付出、真正有能力的人推得越來越遠，使那些受到管理者恩惠，卻沒有多大能力的人被留下來。長此以往，團隊的整體績效會越來越不理想，管理者的個人發展也會陷入停滯。

在評估的頻率上，一般公司可能半年、一年，甚至更久才對員工進行評估，但是業務工作瞬息萬變，業務員的成長也比其他行業還要快，所以評估週期宜短不宜長。

根據過往經驗，我建議以月為單位對業務員進行評估，而且評估之後，一定要做到及時獎懲，並根據每個業務員的表現，提出具體改善建議，幫助他們揚長避短，實現快速成長。

訣竅4【對話】
為了把握資訊解決問題，要懂得開4種會議

有人說，管理者與一般員工最明顯的區別是：管理者常開會，一般員工常被開會。我成為業務主管之後，漸漸成為常開會的管理者。

管理者要與部屬保持資訊暢通，及時跟進最新情況，最簡單直接的方式就是透過會議。雖然現在提倡簡化會議和線上開會，不過那只是形式上的改變，核心仍舊是會議。

不會開會的管理者很難做好管理工作。就管理業務團隊而言，一定要學會開好四個會：一對一會議、部門會議、營運會議，以及決策會議。前三種會議以過程為導向，決策會議則是以結果為導向。

用一對一會議了解個別部屬的工作狀況

一對一會議是由業務主管和一位業務員參與，主要目的是交換資訊、交流經驗和感受。在這個會議裡，業務員可以暢所欲言，彙報工作中取得的成績與遇到的問題，管理者可以藉此向部屬傳授經驗和方法。

一般來說，一對一會議是從部屬的工作彙報開始，集中討論他們當下遭遇的障礙和困難。如果一對一會議召開得當，可以有效提升管理效能、加強部屬的工作品質，還能讓管理者更加了解部屬的工作情況。

為了讓一對一會議發揮最大效果，業務主管在與部屬面談時，要鼓勵部屬說出心裡話。業務主管要營造輕鬆親切的溝通氛圍，尊重部屬、放低姿態，把會議當成了解部屬想法和困難的機會，而不是變相的批評指教大會。

此外，為了提升一對一會議的效率，業務主管要提前告知部屬開會內容、需要準備事項，而且在會議中，業務主管和部屬都要做筆記，確實記錄討論的問題和結果。

當團隊內部有共同問題，召開部門會議

部門會議好比監察員，定期考察部門成員的工作執行狀況，以提高部門整體的工作效率。如果團隊有兩個人以上遇到相同問題，就可以召開部門會議共同討論。不同於一對一會議，部門會議通常會有一個主題，而且需要管理者統籌與組織。

以下是某業務部在二〇一九年七月召開的部門會議。

會議主題：二〇一九年上半年的工作總結和二〇一九年下半年的工作計畫

核心議題一：二〇一九年上半年的工作總結

工作完成情況：業務部在上半年保守完成部門制定的目標，各成員表現良好，但沒有明顯的突破，整體表現平穩。

分析原因：從心理層面來看，業務員的競爭意識不強，不積極主動，未能發揮出全部技能，或由於各種原因而錯失原本可以成交的客戶。隨著時間推移，業務員的工作熱情不斷下降。從技能層面來看，因為人員流動大，部分業務員的技能得不

到加強，影響部門整體的工作效率。從制度層面來看，部門為了提高業務員的競爭意識而制定制度，促使工作有序開展。執行一段時間後，發現該制度尚有許多不完善之處，卻由於各種原因而照舊執行。同時，管理者對制度的認識不深，以至於問題出現時沒有做出有效的應對，影響部屬的工作情緒。

商討解決方案：首先，加強全體成員的競爭意識，努力配合工作。其次，要進一步完善規章制度，使其更合理、更適用。

核心議題二：二〇一九年下半年的工作計畫

制定下一季度預期達成的目標，包括成交多少客戶、達到多少業務額。

案例中的部門會議主題明確、流程清晰。一般來說，部門全體成員參加的定期例會，例如：早會、晚會、週會、月會、年度會等，都屬於部門會議。這些會議都需要管理者組織召開，而且要妥當掌控流程、明確記錄會議結果，為接下來的部門工作提供方向。

在會議中，應針對已經發現的問題和背後的原因商討解決方案。應當注意的是，管理者一定要在會前準備幾個方案，事先和團隊成員溝通，對這些方案達成初步的共識，然後再到會議上進行討論，最終確定一個具體、切合實際且能迅速解決問題的方案。

在營運總結會議中檢討行動方案

營運總結會議的目的，是了解企業在某一階段的營運狀況，包括經營決策、業務成果、花費和管理等問題，以實現提升營運效率的目標。一般來說，可以分為月度營運會、季度營運會、年度營運會和專案評估會等四種會議形式。

很多企業都是根據ＰＤＣＡ循環的思路，每個月按照以下四個步驟運作，直到達成年度目標。

- Plan（計畫）：在年初制定年度經營計畫，確立目標和制定方案，並拆解任務到每個月。

- Do（實施）：每個月按照計畫執行方案。
- Check（檢查）：每個月對照計畫，確認月度目標是否達成，並且分析沒有達成的原因。
- Action（調整）：根據找到的原因調整方案。

然而，即便使用PDCA循環模式，企業還是會因為各種問題，而沒有達到預期的工作成效。這時候就需要召開營運總結會議，及時解決問題。

舉例來說，某業務部為三月定下的銷售目標是七百五十萬元，但實際上只完成五百八十五萬元，兩者差距一百六十五萬元。進一步分析原因，發現有一家長期合作的大客戶解除合約，另外兩家老客戶縮減採購量，以及一些新客戶延後付款。針對這個情況，部門經理要及時召開營運總結會議，來商討對策。

營運總結會議的重點並非檢查「目標與實際成績之間的差距」，而在於探討形成差距的背後原因，並且尋找對策。管理者要從部屬、客戶、產品和市場這四個方面進行分析，同時檢討自己的方案是否有效、能否實施。如果方案無效，就要進一步尋找原因，並加以修正。

產生決策的會議要遵守3重點

決策會議是為了訂定解決方案而召開。為了避免沒有結果的討論，管理者在召開會議時要注意以下幾點。

開放式討論。為了討論出更有價值的決策，管理者可以用開放性問題，引導與會者發表想法。當部屬表達意見時，為了建立部屬的信心，帶出正面積極的影響，管理者不必多做評判。

少數服從多數原則。人們經常會對一個觀點抱持不同的意見，而且誰也難以說服誰。對於這種情況，管理者可以採取少數服從多數的原則，將少數人支持的觀點作為補充參考，汲取其中對現實有幫助的部分。

記錄決策內容。產生決策之後，要確實簡明地記下決策內容。

從你當上管理職位的那一刻開始，「開什麼會、如何開會、開會的結果是什麼」

這些問題，都將是工作中很重要的一部分。你的職位越高，必須參與的會議就越多，這是我從業務主管做到大區經理、事業部經理，甚至成為旅悅集團CEO之後，最深刻的體會。

總之，如果你剛當上管理職，我真誠地奉勸你：一定要學會開會。

訣竅5【反省】
善用4種方法具體回顧任務，建立知識庫

在阿里鐵軍，回顧反省是業務團隊管理層的重要任務，也是提升團隊戰鬥力的必要手段。管理者要定期與部屬一起回顧反省過去的工作、問題及成績，不斷完善工作計畫。

什麼是回顧反省呢？舉個簡單例子，假設你剛剛拜訪一名客戶，或是剛與客戶談判結束，此時你要及時回想，反思自己在這次任務中的表現，並且歸納出心得。要及時改進需要修正的部分，繼續保持表現優秀的部分，以獲得更好的工作成果。

回顧反省雖然要花很多時間和精力，但是一旦形成習慣，就能積極促進個人和團隊的發展。

收到月度檢討報告，及時給予回饋

管理者要定期展開回顧反省，為了讓業務團隊的反省內容更全面，通常會以月作為週期。在月度回顧反省中，管理者可以帶領部屬進行，也可以讓部屬事先寫出檢討報告，包括這個月的主要工作項目、問題和解決方案，以及解決方案是否奏效等等。

很多管理者因為工作繁忙，而無法及時查看部屬的月度檢討報告。這不僅會降低月度回顧反省的價值，也可能影響部屬的情緒。因此，管理者收到部屬的月度檢討報告後，要及時抽出一至兩天的時間，查看與分析部屬當月工作的重點和難點，做好記錄和回饋。你可以用書面審閱的方式提出回饋，也可以找部屬一對一面談。

結合雙方意見，展開平行回顧反省

平行是指，業務員和管理者一起同時回顧反省。面對同一件事情，不同的人會產生不同的看法，這是很普遍的現象。透過平行回顧反省，我們可以發覺自我認知與他人評價之間的差距。

前文說到，管理者要陪訪，幫助部屬衝業績。當回顧反省時，管理者可以根據在陪訪中對部屬的觀察，以及部屬的自我評價，進行對比並互相討論。

特別強調的是，管理者在與部屬進行平行回顧反省時，要避免一味地發表自己的意見，或是過於堅持自己的觀點。相反地，管理者要結合部屬的看法展開討論，再糾正對方的認知偏差。

建立知識庫，強化回顧反省的效果

每一次回顧反省，都是業務員吸收知識、增加經驗的機會，為了不浪費這些機會，管理者要幫助部屬建立知識庫，也就是將每一次回顧反省的結果都記錄在冊。這就像是學生時期，老師要求同學將答錯的題目集中抄在一本筆記簿上，隨著不斷累積，記錄的題目越來越多，筆記簿就漸漸成為幫助學生進步的知識庫。

協助部屬建立知識庫，讓部屬充分認識自己過去的失誤和優勢，有助於強化回顧反省的效果，讓部屬取得長足的進步。

研究具體案例，不能只是走過場

管理者與部屬在回顧反省時，可以挑出具有代表性的事件當案例，一起深入討論。一方面分析現狀，指出業務員在案例中表現積極與消極的地方，另一方面歸納結論，提出業務員可以改進與值得保持的行為。

這樣在回顧反省時帶領部屬研究案例，提出改進計畫並持續跟進，可以讓回顧反省的效果發揮到最大。此外，我還要追加強調幾個重點，讓管理者掌握正確的回顧反省方法。

首先，回顧反省不是管理的手段，目的是培養人才。管理者要意識到，回顧反省不是為了管理員工，而是要幫助員工獲得進步。我希望透過回顧反省，讓每個部屬都意識到自己需要提升之處，以及自己的優勢，所以每一次回顧反省時，我都會針對部屬提出的報告，給予個別回饋，而不是統一且制式化的回應。

如果管理者能夠經常回顧反省，鄭重地對待每一次回顧反省，自己和員工都會很有收穫。我的很多部屬都曾經反映：「每一次回顧反省都可以從全新的角度看自己，很有趣也很有收穫。」

其次，要防止回顧反省趨於形式化。隨著時間推移，很多管理者會慢慢將回顧反省視為形式化的工作，草草應付了事，白白浪費時間和精力。

無論是管理者或部屬，都應當認真對待回顧反省。就管理者的角度而言，要認真對待部屬交上來的檢討報告，而不是隨意翻閱。如果管理者只是隨便看看，部屬很可能也隨便做做。此外，根據檢討報告提出的回饋意見，要具體針對當次的報告內容，而不是每一次都換湯不換藥。

就部屬的角度而言，回顧反省時要做到具體提問與分析。用心對待每一次回顧反省，視為提升自己的機會，而不是不得不完成的瑣事。

最後，在回顧反省的過程中要真誠讚美。管理者如果發現部屬有做得不錯甚至優秀的地方，一定不要吝於讚美。舉例來說，假設業務員在每次拜訪後，都會記錄狀況和解決辦法，這種行為就很值得稱讚。

稱讚要真誠且具體，不要只是為了稱讚而稱讚。讓部屬知道管理者為了什麼而稱讚，才能鼓勵他們持續好的行為。

如果你希望成為更優秀的業務團隊管理者，定期回顧反省是不可或缺的工作，你要將這件事堅持下去，持續精進做回顧反省的功力。

訣竅6【預測】鍛鍊商業嗅覺，比對手更快更準確抓住機會

如果一個人永遠只將目光放在自己的「一畝三分田」，忽視未來的變化，甚至為自己的一成不變而沾沾自喜，他終究會被時代淘汰。高明的人會預測未來趨勢，因勢利導，做出讓明天更好的事。

職涯發展專家趙昂有一段話說得很好：「職涯發展有兩種面向，一種是寬度的發展，例如：對行業的認知、對趨勢的把握，往往是深耕一個領域的職場高手，才能擁有這般寬廣的視野。所以，你要多和高手來往，獲得這樣的視野，引導自己的職涯發展。另一種是長度的發展，也就是在人生的不同階段，要追求不同的成長重點。」

說到善於預測未來，做出讓明天更好的事，不能不提到阿里巴巴創始人馬雲。

馬雲具有超乎尋常的商業嗅覺，他在一九九四年第一次聽聞網際網路，第二年就

開始創建網站，因為他預測未來人們的購物方式將會改變，或者說他看到商機，知道電子商務將會進入人們的生活。

能夠預測趨勢，也能夠抓住商機，於是英雄誕生了。馬雲當時創建阿里巴巴，正是因為看出電商時代的趨勢，而且做出相應的行動。所以，他成功地從平凡的英語老師，擠身世界富豪榜。

在業務領域也是如此，尤其是對管理者來說，想要帶領團隊走得更好更遠，就要勤於預測未來商機，多做對明天有利的事情，而不只是著眼於今天、滿足於當下。具體上，可以從三件事開始著手。

持續觀察，預測大環境的發展趨勢

未來不可能一成不變，每個時代都會發生不同的趨勢變化，所以管理者要學會預測大環境的發展方向。然而，你不能憑空臆測，而是要具備前瞻的眼光，比爾・蓋茲就是成功預測大環境的人。

早在一九八〇年代，比爾・蓋茲就說：「我們的目標是讓每一張辦公桌，還有每一個家庭都擁有電腦。」在大型電腦壟斷市場的時代，此話一出，很多人都嘲笑他癡人說夢。但是，現實正如比爾・蓋茲所預測的，尚未進入二十一世紀，電腦便出現在幾乎每一個家庭中、每一個人的辦公桌上。

此外，比爾・蓋茲曾預言的智慧廣告、家庭監控網路攝影機、線上徵才等，後來都一一實現，為人們的生活帶來重大影響。比爾・蓋茲不僅擁有預見未來的眼光，更有積極創造的果敢，才能夠讓這些預測變成現實，進而獲得巨大的財富。

《鬼谷子》中寫道：「觀陰陽之開闔以命物。知存亡之門戶。籌策萬類之終始，達人心之理，見變化之朕焉，而守司其門戶。」意思是說，要透過觀察自然界的陰陽變化，掌握萬事萬物的規律，通曉人的心理變化，發現事物發展的徵兆，進而利用各種事物的進展，以求順勢而為、因勢利導。古人的智慧告訴我們，若想在未來有所成就，就要擁有前瞻的眼光，要比別人提前預見十年甚至二十年後的情況，比別人更快更準地抓住機會。

管理者應當不斷地研究、思考，並預想未來趨勢。要留意發生在過去和當下的重大事件，盡可能從中發現規律；要學著做趨勢分析，了解大環境的發展、新加入的參與者、未來可能的變化等等。此外，平時要多做預測，將預測當作一種習慣，無論正確與否都不要停止。

分析現狀，找出需要努力的方向

在預測大環境之餘，管理者也要分析現狀，以判斷自己的預測是否準確，並及時做出調整。分析現狀時，主要應考慮以下兩點：

1. 分析自己當前做了什麼、做到何種程度。
2. 就自己預測的趨勢，分析現狀與目標的距離是否接近、方向是否正確。

在分析現狀時，要檢視現況與預測之間的差距，並且推導出造成差距的原因。而且，不僅要找出眼前的問題，還要考慮未來可能遇到的狀況，從各種角度和層面去思考，最後想出解決方案。

在分析現狀的過程中，管理者要記得與自己的團隊成員一起討論，整合眾人的意見所長，共同做出決策。

從實際面開始縮小差距

在分析現狀後，我們掌握當下的問題，以及需要努力的方向。接下來，管理者要做的是縮小差距，調整現狀中不符合未來趨勢的部分，朝著趨勢發展的方向不斷做出努力，帶領團隊贏在未來。

在調整現狀時，管理者要從實際面出發，不要做天方夜譚的幻想。我見過一些管理者雖然大膽地預測未來，但是實際行動時，總是因為過度興奮而變得不切實際。

對未來的發展保持興奮之情固然很好，但是在行動上仍要基於現實，要做能夠向目標邁進的事情。如果一開始就不切實際，將堅持不了多久，因為越是不切實際的目標，就越難達成，而且越容易使人感到懷疑，最終導致放棄。

如果一個人有預見未來的眼光，信任自己的能力，並矢志不渝地朝著目標前進，他就會獲得想要的回報。相反地，困守在瑣碎生活中的人，內心往往沒有足夠的力量追求願景，或者根本不知道自己的願景是什麼。

眼界決定人生能達到的高度、能實現的事情、能對他人產生的影響。想要擁有預見未來的眼光，你必須多經歷、多觀察外面世界的發展，並且持續做出積極的努力。

業績突破秘笈

☑業務主管要將「栽培部屬」當作工作核心。

☑陪訪時，主管應擔任觀察員的角色，並且在事後就觀察到的優缺點，和部屬一起討論。

☑對於部屬的工作過程，管理者要隨時監督，適時提出建議。對於部屬的工作成果，管理者要懂得釋懷。

☑建立主動彙報的工作習慣，是團隊高效執行與管理的關鍵。

☑每個月都要評估業務員的技能水準，考察工作態度、專業能力、溝通能力、危機處理能力和成交能力等等。

☑管理者在回顧反省時，要先強調部屬的優點，讓他們持續好的行為。在此基礎上，提出需要加強的弱點，督促部屬改進。

☑管理者要勤於思考未來趨勢，將預測商機當作一種習慣，才能帶領團隊走得更遠。

NOTE

/ / /

你的部屬絕對不會做你希望他做的事，他們只會做你要求和監督檢查的事。

——郭士納

Chapter

4

從10人到1000人，用制度帶出冠軍業務團隊

想抓牢部屬的心？除了精神激勵，更要增強賺錢能力

二〇一〇年年底，我離開阿里鐵軍，在二〇一一年一月正式加入美團網，擔任大區經理，管理一千兩百多人的業務團隊。加入美團網之後，我不僅換了工作地點，還更換角色身份。

在阿里鐵軍的工作內容和目標都比較簡單，只需要帶團隊、衝業績。加入美團網之後，我帶領的團隊更大，責任也更重，這個責任不僅包括業績，更有團隊管理。

我深知企業的發展不是靠著管理者個人，而是要靠每個團隊成員的努力。身為管理者，帶領團隊不斷前進，為公司締造更高業績，才是我的價值所在。因此，加入美團網之後，我開始鑽研業務團隊的管理策略，慢慢摸索出一套方法。

我認為，管理要做到有虛有實。「虛」是指價值觀和目標，「實」是指業績、利

潤及金錢。換句話說，要做好管理，既要懂得用價值觀和目標引導部屬行動，也要學會用業績和金錢激勵部屬，兩者缺一不可。

與其喊口號，不如建立價值觀和目標

所謂的團隊價值觀是指，全體成員在追求成功的過程中，推崇並奉行的基本信念。價值觀雖然看不見、摸不著，卻能有效引導員工的行動，增加團隊的凝聚力，進而讓企業更有動力、走得更遠。

除了價值觀之外，統一且明確的團隊目標可以引導員工，朝著同一個方向奮鬥，激勵他們不斷挑戰自己並完成任務。

有這樣一則故事。一九五二年七月四日的清晨，加利福尼亞海岸被大霧籠罩。在距離海岸西邊二十一英里（約三三，七九六米）的卡塔林納島上，有一名女子正準備橫渡太平洋，游向加利福尼亞海岸。她是運動員弗羅倫斯・查德威克，如果這次挑戰成功，她就是第一個游過卡塔林納海峽的女性。

但是，那天早上的霧非常大，她幾乎看不見護送她的船。有幾次，鯊魚不斷向她靠近，船上的人開槍將鯊魚嚇跑了，於是她繼續向前遊。

距離出發十五個小時之後，查德威克終於感到體力不支，想要請護送船接她上船。她的母親和教練在另一艘船上，不斷鼓勵她堅持遊下去，因為終點的海岸就在眼前了。查德威克於是又堅持游了一小時，她抬頭朝加利福尼亞海岸望去，卻是霧氣濛濛，什麼也看不見。此時，她徹底放棄了。

上船休息一段時間後，她的身體逐漸暖和起來，心裡頭卻開始感到沮喪。她對記者說：「說實在的，我不是在為自己找藉口，如果當時我看得見陸地，也許我能夠堅持下去。」

事實上，查德威克被拉上船的地點，距離加利福尼亞海岸只有不到一千米，但她最終還是放棄了。打敗她的不是疲勞困倦的身體，不是冰冷刺骨的海水，而是舉目不見的目標。

無論是個人或團隊，不論你的能力多麼強，如果看不清楚目標在哪裡，都會很容易放棄。因此，在團隊管理上，我始終強調目標的重要性，投入大量的時間與精力，制定具有激勵作用的團隊目標。

在制定目標的過程中，我會堅守三個原則。

原則一：目標要有挑戰性。設定的目標要稍微超過員工平時的能力水準，讓他們只要用力一躍，就能夠搆得著。

原則二：目標要有合理性。無論怎麼努力都難以達成的目標，或是過於簡單、輕而易舉的目標，都是不合理的。

原則三：將團隊目標拆解成個人任務。要實現團隊目標，必須先將目標拆解成任務，分配給每個團隊成員。要注意，這不是像切蛋糕一樣，簡單地按照人數均分任務，而是要根據職責和個人能力做分配。

制定團隊目標，是為了讓團隊成員知道為何而戰，建立基本共識。如此一來，成員便能朝著正確方向積極行動，並且主動互相協作。

與其給獎金，不如提升員工賺錢的能力

管理者要會用業績和金錢激勵員工，也就是要讓員工賺錢。但是，這裡的「賺錢」指的是過程，而不是目標和結果。

就大部分人而言，對一份工作最基本的期待就是要賺得到錢，因為只有賺到錢，才能夠生活，進而實現個人的目標和夢想。

在實際的管理工作中，員工與管理者一定會談到的問題就是薪酬。員工通常會抱怨工資太低，而大多數的管理者要麼覺得員工目光短淺，拒絕給員工加薪，要麼直接給員工更多錢。

第一種方式顯然不對，因為薪酬是員工的基本需求，只有滿足這個需求，員工才有工作的動力。然而，第二種方式也不是有效的管理方法，這是為什麼呢？

舉個例子，今天你給員工兩萬元，他會非常開心；下個月你再給他兩萬元，他也會很開心。但是，過了幾個月後，你再給他兩萬元，他的開心可能只剩下原本的十分之一，因為他會想：「為什麼不能給更多的錢？」所以，一味用錢來激勵人心的管理

方式，其實並不可取。

我認為，員工的報酬主要來自兩個部分，一是收入，二是職位。若將這兩件事分別放在平面直角座標的橫軸和縱軸上，連接兩個座標數值所得出的陰影面積，就是員工可以拿到的整體報酬。

假如只給員工獎金，或是只讓員工升職，員工當然能有所收穫，但同時讓員工賺錢和升職，他們得到的報酬顯然更多。這種「魚和熊掌兼得」的方式，最能激勵員工。

其實，管理者最應該做的是幫助員工提升知識和技能，讓他們賺得收入、實現目標。換句話說，管理者應該看重過程，而不是結果。

但是，就大多數員工而言，比起工作過

圖4-1 員工的報酬來自收入和職位

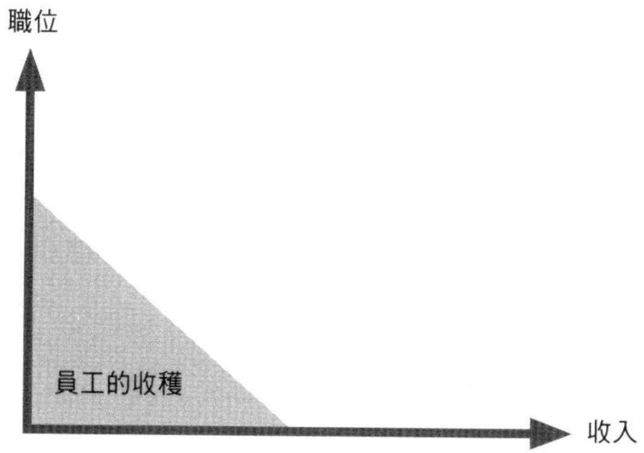

程，他們更在乎工作結果，也就是能賺到多少錢。所以，不僅要向員工傳遞正確價值觀、設立適當團隊目標、提供升職機會之外，還要讓員工得到最實在的東西——讓他們賺到錢。否則，員工只會認為你在畫餅充饑，很快便會離你而去。

在實際的管理工作中，要如何讓員工賺到錢？我總結出以下三點建議。

敢於和員工談錢，了解員工期望的薪酬。很多管理者不敢與員工談錢，一方面擔心員工提出過高的要求，另一方面認為只在乎薪酬的員工沒有未來。事實上，敢於明確要求薪酬的員工，才是真正清楚自己未來的人，而且對於管理者而言，敢於和員工談薪酬，是對員工最基本的尊重，管理者可以藉此了解員工的期望，以便制定獎勵性的薪酬制度。

明確告知員工如何才能拿到錢。不要只是簡單說一句「努力就能賺錢」，要明確告知條件和報酬，例如：「如果能夠搞定這個客戶，順利成交，你可以拿到一〇％的抽成」，具體的數字更能激勵員工積極工作。

幫助員工拿到更多的錢。換句話說，就是帶領團隊衝業績、拿獎金。這不但能激勵員工鬥志，還能讓員工更信任你，更願意衷心追隨你。

有虛有實的管理方式，讓管理者既有好看的皮囊，也有有趣的靈魂，這正是新時代員工願意追隨的領導者形象。我也是因為掌握這一點，才能將管理工作做得更加得心應手。

你蠟燭多頭燒？用「管理者產出公式」，輕鬆提升績效

英特爾公司前董事長和執行長安德魯・葛洛夫，在著作《葛洛夫給經理人的第一課》中提出「管理槓桿率（leverage）」的概念，將它定義為「各項管理活動所帶出的團隊產能」，並提出一個計算公式：管理者的產出＝管理槓桿率a×管理活動a＋管理槓桿率b×管理活動b……

根據這個公式，我們可以透過三個方法，提升管理者的產出。

提高每一項活動的工作效率

進行管理活動的效率越高，管理者的產出越大。那麼，管理者要如何提升自己的

工作效率呢？

第一，做好日程規畫。明確計畫每天要做什麼任務、在什麼時候完成。這能讓你按部就班地開展任務，還能確保工作的效率和品質。

第二，優先做重點工作。按照事情的緊急程度和重要程度，將管理活動分類。先做重要且緊急的事，再做重要但不緊急的事，以及緊急但不重要的事。對於既不緊急也不重要的事情，要直接跳過，才能將時間效益最大化，提高管理活動帶出的產能。

第三，建立標準化的工作模式。舉例來說，把例會統一安排在週一早上或週五下午，管理者可以根據自己的實際情況調整做法。

我們公司有個業務主管，如果早上起得太早、休息不足，就會一整天都沒有精神，做什麼事都效率不高。所以，他一般都是早上十點鐘才到公司，但是晚上可以工作到十點才下班。這樣根據自己的精神狀態調整工作時間，提高管理活動的效率，我非常支持。

提高每一項活動的槓桿率

管理槓桿率相當於每一項管理活動帶出來的產能總和。管理者的管理活動不只是完成業績任務，還要開會、收集資訊和做決策，並將收集到的資訊回饋給團隊成員和上司。所以，管理活動＝收集資訊＋決策＋資訊回饋。

◆收集資訊

以往，管理者收集資訊的管道是會議，如今隨著網路發展，管理者獲取資訊的管道越來越多，像是透過LINE、臉書等線上社群平台，就能即時追蹤第一手資訊。

◆做出有效決策

管理者收集資訊的目的，是為了掌握團隊運作的實際情況，以便做出正確有效的決策。最好的決策應該是參考團隊成員的意見，透過決策會議共同制定，而非管理者自己下定論。

理想的決策會議通常經歷三個步驟：

1. **自由討論**，讓員工自由地發表意見。
2. **清楚決策**，在討論結束後，管理者要做出明確的決策。
3. **全力支援**，無論最終決策是根據管理者或員工提出的意見，都要全力支持，讓決策能有效執行。

在實際的決策會議中，難免會碰到各式各樣的困難。總結以往的經驗，我認為以下幾種問題特別需要管理者留心。

第一個問題是同級群體症候群。一群職級相同的員工很難一起快速做出決策，因為沒有人想站出來當最後的決策者。這時候必須有一位主管在場，以便控制會議局面，加速導出決策。

第二個問題是不想和別人的意見不同。決策會議允許團隊成員發表自己的看法，然而團隊中總是不乏跟風的人，他們不想和別人的意見不一樣，從來不發表自己的想法，只是附議他人的意見。

第三個問題是怕別人覺得自己不聰明。有些人擔心自己說出不同的意見，會被別人嘲笑，甚至因為覺得自己笨，而選擇認同他人的意見。

要解決這些問題並不難，只要管理者在召開決策會議時，觀察員工行為、洞察員工心理，然後鼓勵員工表達真實想法。

◆提供資訊回饋

葛洛夫曾說：「管理者不只是收集資訊，他們也是資訊的來源。」如果管理者不針對收集到的資訊做出回饋，就無法從收集資訊這件事上產出價值。

因此，收集資訊之後，管理者要將這些資訊傳遞給自己的部屬、上司以及其他相關部門人員，同時也要傳達你對這份資訊的想法，以及下一步的打算，好讓他們清楚你的目標和方向，進而提供你相應的幫助。

在向下回饋時，一定要注意三點，才能有效地提高管理槓桿率。

1. **要讚賞、肯定員工的行為**。這有助於激發員工的積極性和動力，帶出更好的工作產能。

2. **指出員工的問題，幫助員工一起改正**。糾正問題其實就是在避免槓桿率低的管理活動。

3. **設定工作目標**。提供資訊回饋的目的是為了提升員工的工作效率，因此在給予回饋之餘，要協助員工制定工作目標，鼓勵員工努力完成任務。

把精力放在槓桿率高的管理活動上

不同管理活動的槓桿率不相同，因此管理者為了提高產出，應當把有限的精力放在槓桿率高的管理活動上，並且將低槓桿率的活動取代為高槓桿率的活動。

一般來說，槓桿率高的管理活動包含以下幾種情況：

- 當管理者可以同時影響很多人時。

- 當管理者一個簡單的動作或言論，可以對別人產生長遠影響時。
- 當管理者提供的資訊、技術和知識，會對一群人的工作造成影響時。

管理者要找出槓桿率高的管理活動，例如：授權給部屬、關注用戶的回饋、對團隊進行績效評估等。你也可以組織一次大規模的團隊培訓活動，並在活動中發表震撼人心的演講，達成一次影響多人的效果。

另一方面，管理者要了解有哪些槓桿率為負的管理活動，像是上級過度干涉、管理者以負面情緒影響團隊士氣、管理者拖延決策等。這些管理活動會減少整個團隊的產能，應當要堅決摒棄。

從管理十幾人的業務主管，到管理一千多人的大區經理，我深刻體會到管理者的身份不同。由於管理者的產出等於所有團隊成員產出的總和，我不僅要關注自己的產出，更要關注每個成員的績效。只有讓每個成員發揮自己的潛能和價值，管理者才得以實現自己的個人價值。

針對職責、違規……
訂定明確規則，建立有紀律的團隊

若是管理十幾、二十幾名員工，你只要足夠勤奮、努力付出，就能讓團隊有所成長。若是管理三十、四十名員工，你還需要制定一套制度，讓員工在框架內行動。

制度是團隊文化的精髓，也是團隊得以生存發展的保障。每個高績效團隊都設有嚴謹的制度；每個優秀員工都具有嚴格的制度觀念。唯有制定制度，讓員工在框架內行動，才能將眾人的力量擰成一股繩子，強化團隊的韌性與戰鬥力。

一套適合團隊、能有效約束員工行為、讓員工安心遵守的制度，主要包括以下幾個方面的內容。

定義明確的職位職責

為了高效且妥善完成團隊的業績目標，一定要明確定義業務員的工作職責。這也是制度最關鍵的內容。

依據行業、產品或服務的性質不同，業務員的職責有許多差異。以旅悅為例，業務員要做到以下職責。

第一，對商家的經營狀況、服務品質及商業信譽，進行盡職的調查，禁止與下列商家合作：生產、販售法規禁止的商品或服務者；生產、販售偽劣商品者；生產、販售公司禁止的商品或服務者。

第二，對商家的資格進行盡職的審核，並根據公司的相關規定，簽訂合作協定及附件。

第三，根據公司的要求，保證採購產品的真實性，並努力提升採購產品的市場競爭力。

第四，上線前提供商家相關培訓，確保服務流程順利進行。

第五，上線後積極維護商家。

第六，持續提升服務品質、服務滿意度、消費者產品體驗。

第七，遇見重大問題應及時報告。

第八，完成公司交辦的其他任務。

設置明確的違規紅線，讓員工不走偏

一套好的制度不僅要告訴員工能做什麼，更要告訴員工不能做什麼。設置違規紅線，讓員工在正確框架內行動，才能確保員工不走偏。

依據違規行為對企業造成的損失，可以分為三大類：重大違規行為、一類違規行為以及二類違規行為。

◆重大違規行為主要包括以下幾種

第一種：擅離職守。業務團隊的工作人員外出從事與工作無關的事務，或者未經批准擅自脫離工作崗位。

第二種：資格偽造。業務團隊的工作人員為牟取不正當利益，而偽造商家資格。例如：業務員單獨或與他人共同偽造商家的資格，以符合簽約的條件。

第三種：業績偽造。業務團隊的工作人員為牟取不正當利益，或完成公司考核指標，而偽造業務資料。例如：業務員大量虛假購買自己負責的產品或服務。

第四種：不當得利。業務團隊的工作人員以各種名義，向商家索要財物，或是賬外收受商家、競爭對手、公司其他員工的回扣、手續費及其他財物，又或是利用公司漏洞牟取個人利益，數額或價值超過一定金額。例如：利用公司資訊優勢，以不正當的手段牟取私利。

第五種：洩露機密。業務團隊的工作人員違反保密協議或公司的保密制度，洩露或不當使用公司的商業秘密，或是違反與智慧財產權相關的保密事項。

◆一類違規行為主要包括以下幾種

第一種：惡意競爭。業務團隊的工作人員為了達成業績目標，採用不正當的手段，對存在競爭關係的其他業務團隊、業務人員造成不良影響，或是損害集團、公司的利益。例如：業務員採取不正當手段，從同事手中搶單，造成同事的利益受損，並且對公司造成負面影響。

第二種：過度承諾。業務團隊的工作人員擅自對外誇大優惠，或是承諾提供超出自身權限的服務。例如：業務員擅自向商家誇大產品或服務的成交數量。

第三種：虛構、隱瞞事實。業務團隊的工作人員故意虛構事實或隱瞞真相，導致公司遭受經濟損失或名譽損害。例如：業務員未經商家蓋章確認，就私自修改合約的內容。

第四種：騷擾消費者。業務團隊的工作人員為牟取不正當利益，主動接觸消費者，而且無視消費者的合理訴求，或是措施不當，導致消費者提出投訴，或影響消費者體驗。

◆二類違規行為主要包括以下幾種

第一種：工作失職。業務團隊的工作人員因疏忽大意或其他過失，未履行自己的職責，以致造成公司、商家或消費者的損失或潛在風險。例如：業務員未及時為商家提供業務模式、系統使用或其他方面的培訓。

第二種：工作失誤。業務團隊的工作人員因疏忽大意或其他過失，錯誤地履行自己的職責，以致造成公司、商家或消費者的損失。例如：業務員錯誤輸入拜訪資訊。

第三種：流程不當。業務團隊的工作人員違反公司業務流程規範或業務規則，以致造成公司、商家、消費者的損失或潛在風險。

第四種：態度不端。業務團隊的工作人員的工作態度不端，缺乏服務意識，對消費者、商家態度惡劣，或是發生言語、肢體衝突，對公司造成不良影響。

第五種：言論不當。業務團隊的工作人員發表不當言論，傳播負面消息，詆毀公司或同事，造成不良影響。

明訂違規行為的處罰方法，改善員工表現

為了適切規範業務員的行為，管理者應明訂違規行為的處罰方法。大部分業務

團隊都是採用扣分制作為處罰措施。處罰的力度應根據員工違規行為的嚴重程度來劃分，也就是根據三大類違規行為，設定相應的扣分制度。

舉例來說，可以規定：業務團隊的工作人員出現本辦法規定的重大違規行為時，按照情節一般、較輕予以扣分。一般情況下扣除N分；情節較輕則扣除N分。

除了三大類違規行為之外，業務銷售管理制度，還要明確交代特殊問題的處理辦法。一般包括以下三種特殊問題。

第一種：業務團隊的工作人員協助、包庇、縱容、勸說、利誘、授意、慫恿其他人員實施違規行為，公司將參照違規人員給予相同扣分。

第二種：業務團隊的工作人員行為觸犯刑法，並且被依法追究刑事責任者，直接予以開除。

第三種：業務團隊的工作人員因本辦法規定之違規行為，對公司造成損失者，應依法賠償公司的經濟損失，並扣除不低於〇〇元的績效工資。

當然，若業務團隊的工作人員認為公司對其違規行為的處理決定有問題，可以向管理組提出書面申訴。申訴內容應包括申訴請求、申訴事實和申訴理由，並提供相關證據。在申訴期間，不影響公司對其處理決定的執行及效力。

業務職責、違規行為及違規行為的處罰辦法，都是在確立業務員應盡的職責，以及不能觸碰的紅線。任何一種行業的業務團隊，都要從這三個方向制定制度，才有利於提升員工的工作效率。

讓我們看一個例子，某飯店事業部拜訪和陪訪考核辦法如表1。該飯店集團非常明確地規定員工應該做什麼、不能做什麼。在這個考核辦法之下，員工做事自然有方向，也能取得高績效。

優秀的管理者絕不會放任員工的行為，也不會強迫員工按照自己的想法做事，而是制定一套制度，讓他們在合適的框架內行動。這樣一來，既可以避免員工犯下不必要的錯誤，也可以引導員工發揮潛能，無論對管理者或員工而言，都是非常有意義和價值的事情。

表1 業務拜訪和陪訪的考核辦法（以飯店業為例）

第一條 目的

為使○○集團國內飯店事業部地面團隊與電銷團隊的拜訪，及業務管理者的陪訪工作更加規範化，並提高工作效率，特制定《○○集團國內飯店事業部拜訪和陪訪管理考核辦法》。

第二條 涉及對象

國內飯店事業部地面開發業務人員、電銷業務人員、區域經理。

第三條 考核指標

職位	考核指標	目標量	處罰標準
業務經理	拜訪量	四次／天	一百元／個 最高兩千五百元
區域經理	陪訪量	區域名下開發十人（含）以上，要求月覆蓋率達到八○％，兩個月完成一○○％陪訪覆蓋；名下開發十人以下，當月完成一○○％陪訪覆蓋	五百元／個 無最高罰額

有效拜訪定義：上門拜訪並且見到飯店（物業）負責人〔職務為店長、經理（含）以上〕。

第四條 輸入要求

（一）業務經理和區域經理當日的拜訪或陪訪，須在當日如實輸入系統，不允許跨天輸入。

（二）若拜訪或陪訪資訊於當天二十四時以前未輸入系統，或輸入拜訪內容錯誤，需要郵件報備，經TL（團隊領導）審核確認後生效。拜訪只接受次日補登，其他情況不接受補登。

（續上表）

郵件報備範本如下：

郵件主題	【報備】拜訪／陪訪補登／輸入錯誤
發送對象	開發區域經理
抄送對象	○○○
郵件正文	○○飯店，由於○○原因，○○內容未及時輸入系統／輸入錯誤，特此報備，辛苦審批

（三）拜訪對象為KP視為有效拜訪，若同一天多次拜訪同一個KP，只統計一次。

第五條　處罰辦法

（一）拜訪量：要求業務人員完成四次／天的拜訪任務，且月拜訪量不少於八十次／人。若月有效拜訪量小於月考核標準量，均按照一百元／家加以罰款，最高罰兩千五百元。

（二）陪訪量：要求管理人員對名下BD（商務拓展）專員完成陪訪覆蓋，名下開發十人（含）以上，要求月覆蓋率達到八〇%，兩個月完成一〇〇%陪訪覆蓋；名下開發十人以下，要求當月完成一〇〇%陪訪覆蓋。如未完成，均按照五百元／個進行罰款，無最高罰額。

第六條　考核辦法

（三）如果發現虛假拜訪，會按照《○○集團違規管理制度》的相關規定進行處罰。

（一）負責人每月存取系統內上個月的資料，對BD專員上月度的「月有效拜訪量」「陪訪覆蓋率」進行統計，每月十號前將統計結果發送給各個團隊領導及人力資源業務部門合作夥伴確認，十五號前申訴完畢，逾期則不接受申訴；處罰金額會從次月績效獎金（提成）中扣除。

（二）同一個業務或者區域經理連續兩月沒有達標，視同績效不達標，由人力資源部門進行績效訪談。

第七條　處罰與申訴流程

（一）處罰名單發送：每月十日會將處罰結果扣減專案發送給區域經理核實並確認。

（二）核實與申訴：每月十五日左右之前，向大區經理及人力資源業務合作夥伴提出申訴，具體申訴截止時間以郵件為準。如超過申訴截止時間，將不再接受任何疑義和申訴。處理結果以事業推進中心最後一次郵件回覆的結果為準。

第八條　其他說明

（一）本月實際工作天數＝當月天數－當月雙休日天數－當月法定節日天數－當月人力系統提交且審批通過的請假天數。

（二）對於「月有效拜訪量」，新任職業務崗位可享受十五個自然日的免考核期，且離職當天不考核。

（三）本辦法最終解釋權歸○○集團所有，自公佈之日起實施。

業績突破秘笈

- ☑設立團隊目標時，要兼具合理性和挑戰性，並且拆解成小任務，依照職責與個人能力分配給團隊成員。

- ☑提供職位和獎金兩方面的報酬，最能夠激勵員工。

- ☑管理者可以用這些方法提升自己的產出：提高每一項管理活動的工作效率、提高每一項管理活動的槓桿率、用高槓桿率的活動取代低槓桿率的活動。

- ☑為了達成高槓桿率，在一次管理活動中，盡可能影響更多人，並設法讓這些人的印象深刻，讓影響力發揮更深遠的作用。

- ☑管理三十人以上的業務團隊，必須明訂業務員的職責、違規行為，以及處罰方法，讓員工在正確的框架內照章行事。

NOTE

/ / /

NOTE

/ / /

NOTE / / /

NOTE / / /

NOTE

/ / /

國家圖書館出版品預行編目（CIP）資料

業務成王術：百億超業CEO用親身經驗，教你4步提問、7個心法、6招帶人！／張強著
--初版. –新北市：大樂文化有限公司，2022.09
224面；14.8×21公分 . --（Smart；115）

ISBN 978-626-7148-15-0（平裝）
1. 銷售管理　2.職場成功法
496.52　　111013220

Smart 115

業務成王術

百億超業CEO用親身經驗，教你4步提問、7個心法、6招帶人！

作　　者／張　強
封面設計／蕭壽佳
內頁排版／蔡育涵
責任編輯／林雅庭
主　　編／皮海屏
發行專員／鄭羽希
財務經理／陳碧蘭
發行經理／高世權、呂和儒
總編輯、總經理／蔡連壽

出 版 者／大樂文化有限公司
地址：新北市板橋區文化路一段 268 號 18 樓之1
電話：（02）2258-3656
傳真：（02）2258-3660
詢問購書相關資訊請洽：（02）2258-3656
郵政劃撥帳號／50211045　戶名／大樂文化有限公司

香港發行／豐達出版發行有限公司
地址：香港柴灣永泰道 70 號柴灣工業城 2 期 1805 室
電話：852-2172 6513　傳真：852-2172 4355

法律顧問／第一國際法律事務所余淑杏律師
印　　刷／韋懋實業有限公司

出版日期／2022 年 9 月 26 日
定　　價／280 元（缺頁或損毀的書，請寄回更換）
I S B N　978-626-7148-15-0

版權所有，侵害必究 All rights reserved.

本著作物，由人民郵電出版社授權出版、發行中文繁體字版。
原著簡體版書名為《銷售鐵軍：從銷售新人到鐵軍締造者》。
繁體中文權利由大樂文化取得，翻印必究。

大樂文化